サービス品質の保証

業務の見える化とビジュアルマニュアル

一般社団法人 日本品質管理学会 監修
金子 憲治 著

日本規格協会

JSQC選書
JAPANESE SOCIETY FOR QUALITY CONTROL
27

●執筆者●

金子　憲治　有限会社サービス経営研究所

発刊に寄せて

日本の国際競争力は，BRICsなどの目覚しい発展の中にあって，停滞気味である．また近年，社会の安全・安心を脅かす企業の不祥事や重大事故の多発が大きな社会問題となっている．背景には短期的な業績思考，過度な価格競争によるコスト削減偏重のものづくりやサービスの提供といった経営のあり方や，また，経営者の倫理観の欠如によるところが根底にあろう．

ものづくりサイドから見れば，商品ライフサイクルの短命化と新製品開発競争，採用技術の高度化・複合化・融合化や，一方で進展する雇用形態の変化等の環境下，それらに対応する技術開発や技術の伝承，そして品質管理のあり方等の問題が顕在化してきていることは確かである．

日本の国際競争力強化は，ものづくり強化にかかっている．それは，“品質立国”を再生復活させること，すなわち“品質”世界一の日本ブランドを復活させることである．これは市場・経済のグローバル化のもとに，単に現在のグローバル企業だけの課題ではなく，国内型企業にも求められるものであり，またものづくり企業のみならず広義のサービス産業全体にも求められるものである．

これらの状況を認識し，日本の総合力を最大活用する意味で，産官学連携を強化し，広義の“品質の確保”，“品質の展開”，“品質の創造”及びそのための“人の育成”，“経営システムの革新”が求められる．

“品質の確保”はいうまでもなく，顧客及び社会に約束した質と価値を守り，安全と安心を保証することである．また“品質の展開”は，ものづくり企業で展開し実績のある品質の確保に関する考え方，理論，ツール，マネジメントシステムなどの他産業への展開であり，全産業の国際競争力を底上げするものである．そして“品質の創造”とは，顧客や社会への新しい価値の開発とその提供であり，さらなる国際競争力の強化を図ることである．これらは数年前，(社)日本品質管理学会の会長在任中に策定した中期計画の基本方針でもある．産官学が連携して知恵を出し合い，実践して，新たな価値を作り出していくことが今ほど求められる時代はないと考える．

ここに，(社)日本品質管理学会が，この趣旨に準じて『JSQC 選書』シリーズを出していく意義は誠に大きい．“品質立国”再構築によって，国際競争力強化を目指す日本全体にとって，『JSQC 選書』シリーズが広くお役立ちできることを期待したい．

2008 年 9 月 1 日

社団法人経済同友会代表幹事
株式会社リコー代表取締役会長執行役員
(元 社団法人日本品質管理学会会長)

桜井　正光

まえがき

近年，“サービス品質”という言葉や“サービスの質”という概念が広く社会に理解されるようになってきた．サービスの品質管理についても，多くの議論や文献が発行されて普及してきた．しかし，サービス品質の保証についてはあまり論じられてこなかったように思われる．

サービスの品質管理を学び，実践してきた筆者が長年にわたり悩んできたことは，サービス品質の検査についてであった．検査項目や検査レベルの設定，検査方法などが，ものづくりのようにすっきりといかないのである．検査や検査方法がわからなければ，サービスの現状把握やサービス提供結果の評価もできないし，管理のサイクルであるPDCAも回せないという深刻な悩みである．

そのうちに，品質機能展開（QFD）から学んだ品質要素と品質特性である応対性・笑顔度・挨拶前傾度などを画像やイラストを使って計測・評価ができることがわかってきた．

また，紙に書かれた作業標準書から映像を使ったマニュアルに改良してみた．このビジュアルマニュアル（VM）の制作により，ねらいのサービスが目に見えるようになり，サービスの現状把握やサービスの提供結果の評価ができることとなった．評価ができれば，サービス品質を保証するとはどういうことで，どうなれば保証できるのか，どのようにして保証すればいいのかなどを明確にすることができる．

本書は，サービス提供企業に携わる方々はもとより，サービスを買ったり利用したりするお客様となりうる方々にも読んでいただきたい．また，サービスの仕事に興味をもっている若者や品質管理の勉強をしたい方々にも読んでいただきたい．

本書では，いろいろなサービス業種の“サービス品質の捉え方”から基本となる“サービス品質の管理と保証の考え方”，品質保証体系図を例示して“サービス品質の保証体系作り”，サービス業務QC工程表，QFDとVMを中心に“サービス品質の保証に役立つ手法”，インターネットを使った“これからのサービス品質の保証の仕方”などについて，身近な事例を通して実務に役立つような説明を心がけた．

執筆にあたり，多くの皆様にご協力をいただいた．この場を借りて心からお礼を申し上げたい．

また，本書の執筆を勧めていただいたJSQC選書刊行特別委員会委員の方々，原稿執筆が遅れたにもかかわらず，寛大な励ましをいただいた中央大学の中條武志先生をはじめ，原稿の取りまとめ，校正に並々ならぬご支援をいただいた日本規格協会編集制作チームにも心からお礼を申し上げたい．

本書が“サービス品質の保証”の普及に役立つことを願ってやまない．

2016年11月

金子　憲治

目　　次

第5章　サービス品質の保証に役立つ手法

第6章　情報化社会におけるサービス品質の保証

第７章　サービス品質保証の実践に向けて

第８章　VM（ビジュアルマニュアル）事例の紹介

第1章　サービスの現状と本質

バブル経済の崩壊後，低調な経済活動の下の我が国では事故や不祥事のニュースが目立つ．そんな中でも，サービスに関する事故や不祥事が急増していると感じる．気の緩みなのか，コンプライアンスの欠如なのか，いずれにしても，サービスの質が低下していると言わざるを得ない．

一方で近年，ユニークな営業展開を行ってきたサービス企業が元気である．長い景気の停滞から同業他社は青息吐息であるというのに，業績を伸ばし続けている．たとえば，国内ではヤマト運輸，しまむら，セブン-イレブンなどが，また，海外ではサウスウエスト航空，ザ・リッツ・カールトンホテル，スターバックスコーヒーなどが，同業他社とは異なった独自の経営思想や経営戦略を展開している．

これらの企業は，業界そのものが急成長しているIT（インフォメーション・テクノロジー）に代表されるような先端技術産業に属しているわけではない．運輸業，衣料品小売業，日用品小売業，航空運輸業，宿泊業，飲食業など，むしろ伝統的なサービス産業に属する企業である．

他社にない独自性を貫いた経営を実践してきたこれらの企業には，その経営に共通点がある．それは，卓越した商品力で絞り込んだ重要顧客のサービス要求レベルを徹底して実現してきていることである．すなわち“サービス品質の保証”を徹底して実践し，品質優先と顧客満足を実現してきたということである．

本書では，サービスの品質が低下していると感じられるような時代にあって，サービス産業における品質優先と顧客満足の実践，すなわち“サービス品質”に力点を置いた経営の必要性とその有効性を平易に解説し，中核となるサービス品質の保証についての考え方とその実践のキーポイントを解説する．

1.1 サービス事故・不祥事の急増

1999年，横浜市立大学医学部附属病院（当時）で，2人の患者を取り違えて手術を行うという医療事故が起きた．

2000年には，雪印乳業（当時）による乳製品集団食中毒事故が発生し，事故処理の遅れ（アフターサービスの不祥事）などから関西を中心に約14 780人が被害に遭った．

また2002年には，雪印乳業（当時）子会社の雪印食品（当時）による“牛肉の偽装事件”が起こり，2007年には，北海道のミートホープによる挽き肉の食肉品質表示の偽装が発覚した．2008年には，魚秀による中国産鰻の蒲焼き256トン（205万匹）が“愛知県三河一色産”と現産地を偽る産地偽装問題が起こるなど，食に関する不祥事が続いた．

さらに2008年，日本を代表する高名な大阪の船場吉兆で残り皿からの使い回しが告発され，続けざまに著名なホテルやレストランでの産地偽装が発覚し，日本のおもてなしの精神までが危ぶまれることとなった．

2005年には，JR西日本で大きな脱線事故が発生して死者107人，負傷者562人という大惨事が起こった．さらに，2007年，エキスポランドでジェットコースターの脱線死亡事故が起こり，2011年に東京ドームシティアトラクションズでジェットコースターからの落下死亡事故が起こっている．

また2015年には，三井不動産による不良マンション販売で，杭打ち不正によるマンション傾斜問題が発覚した．2016年に入り，廃棄食品偽装問題，スキーツアーバス転落事故などの大きな事件・事故が頻発している．

医療，食品，外食，交通，娯楽，不動産販売，産業廃棄物処理など，さまざまなサービス分野で多くの不祥事が続いた結果，かねてからの"日本は安全・安心"という一般的な概念が危うくなっている．

しかも，残念ながらサービスに関する事故や不祥事は，一向に減る兆しが見えないうえに，その深刻さは増していると言わざるを得ない．利益優先・コンプライアンスの欠如など，経営者の資質を疑うケースも多いが，安全でお客様のニーズに合った，品質の高いサービスを保証して，お客様・サービス従業員・サービス企業の三者を守るシステムの構築が求められる．

1.2 良いサービスを提供するには

良いサービスを提供することは非常に簡単である．やるべきことをやって，やってはならないことはやらなければよい．お客様が要求することを確実に実施することができれば，即座にサービス品質を上げることができる．

“やるべきことをやって，やってはならないことはやらない”，すなわち，サービスの目的と目標となる基準をもつことができれば，基準を守ることで最初からお客様に喜ばれるサービスを提供することが可能となり，同時に付加価値の高いサービスを継続して実現することもできるようになる．

1.2.1 やるべきことをやる

“やるべきことをやる”とは，たとえば，状況に合わせてお客様に対する挨拶をきちんと行うことである．入店するお客様には，身体の前傾角度は必ず15°で会釈をする．ミスをしてしまったときには，前傾角度60°でお客様に謝罪をする（図1.1参照）．

このような行動を決めた基準どおりに実行できるようになれば，“やるべきことをやる”ことが担保され，お客様の期待するサービスを確実に提供することができる．

1.2.2 やってはならないことをやらない

“やってはならないことをやらない”とは，たとえば，接客業務でサービス担当者がやってはならない応対態度は“くわえタバコで

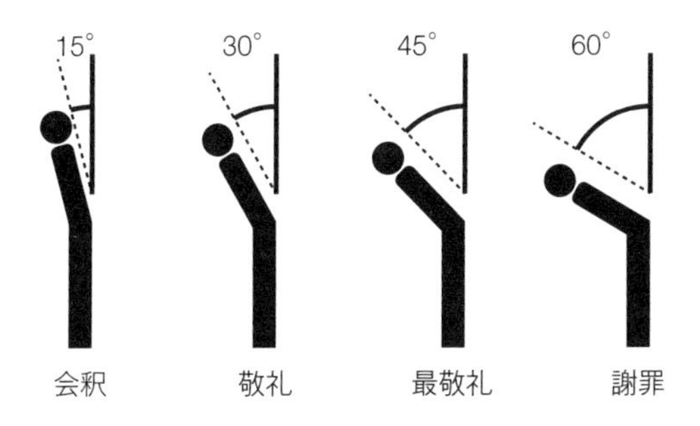

図 1.1　やるべきことをやる—挨拶の例［出典 25)］

応対する”“新聞を見ながら応対する”など，次のような例があげられる．

■やってはならないことをやらない応対態度

例：フロントマンがしてはならない接客態度

・無言の応対をする．

・接客中に他の社員と雑談する．

・お客様を批判する．

・お客様と口論する．

・くわえタバコで応対する．

・新聞を見ながら応対する．

・他のことをしながら応対する．

・その場逃れの回答をする．

・わからないことを独断で答える．

・お客様をたらい回しにする．

・お客様をジロジロと観察する．

・腕組み，うしろ手，ポケット手で応対する．

・アゴをしゃくって方向を指し示す．

このような行動を絶対に行わないようにすれば，お客様の期待しないサービスを提供することを避けることができ，結果としてお客様の期待するサービスを提供することができる．

そのため苦情は発生せず，サービスのやり直しや苦情処理にかかる費用も発生しない．当然機会損失も少なくなり，サービスの生産性が向上し，その結果，サービスコストも低く抑えられる．

もちろん顧客満足を実現することができ，お得意様がどんどん増えることにつながる．

しかし，さまざまな考え方や価値観をもつ人が働く企業において，提供するサービス業務について“やるべきこと”“やってはならないこと”の基準を明確にして，サービススタッフ全員に実行させることは容易なことではない．

1.2.3 サービスの標準化と品質の管理を行う

品質の高いサービスを提供するには，提供するサービスについて“やるべきこと”“やってはならないこと”の基準，すなわちサービスの標準化が必須となる．また，提供するサービスの品質の管理を行うことも必要となる．

一般に，お得意様に評判が良いベテランのベストプラクティスを研究すると，“やるべきこと”と“やってはいけないこと”が見えてくる．どうすれば，効率良く品質の高いサービスを実現できるかが見えてくる．

さまざまなトラブルや事故が発生した後には，必ず作業マニュアルや作業指示書，記録の有無が問われてきた．パートタイマーやアルバイトの学生など，短期間の非正規労働者が作業や操作を行って，不祥事などが起こるたびに，企業の管理体制の不備が指摘されてきた．過去のトラブルや失敗を繰り返さないためには，クレームを的確に処理し，原因を見極め，記録し，“やってはいけないこと”として標準書に具体的に記述して，教育訓練に役立てる必要がある．

サービスの提供前に，お客様に満足してもらえるサービス品質のレベルを，新人が容易に理解できるようにした“守れる標準”を制作して，徹底することが必須である．適切なサービス提供方法と安全確保の基準があれば，多くの不祥事やお客様の不満を未然に防ぐことができることになる．また，サービススタッフ全員が納得して実践できる教育訓練も必須である．周到な標準作業手順が用意され，教育訓練が徹底されて提供されるサービスは，お得意様の要求に基づいて提供されているため，適切なサービス品質と安全の確保ができる．

次章以降では，これらを実現するために，“サービス品質の理解”と“サービス品質の管理と保証”を行うための体系を説明する．

第2章 サービス品質の理解

2.1 サービスとは

サービス品質を向上するためには，まず“サービスとは何か”，サービスそのものを正しくとらえることが重要である．

サービスという概念は漠然としていてとらえどころがなく，その定義もさまざまであり，難解である（図2.1参照）．

また，サービスを翻訳するとさまざまな意味や言葉が出てくるが，奉仕やおまけではなく，商取引の対象となる有償で行われる“行為やパフォーマンス”と考えるべきである．

・サービスとは，ハードなものを生産しない有効な仕事（石川馨）
・物質生産以外の労働の総称，または，社会的に有用な無形の生産（広辞林）
・顧客の要求に応ずるため対価を得て顧客に提供される物的情緒的機能の組合せ（木暮正夫）
・サービスは他者のために行う仕事である（J.M. ジュラン）
・サービスとは，一方が他方に対して提供する行為やパフォーマンスで，本質的に無形で何の所有権ももたらさないものをいう．サービスの生産には有形財がかかわる場合もあれば，かかわらない場合もある（P. コトラー）

↓

“サービスとは，他者に有償で提供される行為やパフォーマンスである”

図2.1　さまざまな“サービス”の定義

本章では“サービスとは，他者に有償で提供される行為やパフォーマンスである”と定義したうえで，“サービス商品として，どのような行為やパフォーマンスがどのように提供されているのか”，また“サービス品質やその特徴とは何か”“サービス商品の特徴とそれによって生じるサービス品質を管理し，保証する難しさは何か”を解説する．

2.2 サービス商品とサービス業

一般に，サービスを商いとする業種を“サービス業”と呼び，その全体を大きく“サービス産業”と呼んでいる．その意味では，サービス業を生業とする企業や，組織によって有償で提供される行為やパフォーマンスが“サービス商品”である．

サービス業では，“行為やパフォーマンス”である対象のありようと“提供する”の内容との組合せで，サービス商品の内容と業種が決まる．その組合せは無限にあるため，業種も時につれ，多様化する．“行為やパフォーマンス”である対象がどんなありようであるのか，“提供する”の内容が何なのかを明確にすることによって，サービス商品の内容と業種を明確にすることができる（図2.2参照）．

経済取引の対象である財（経済価値）としての“行為やパフォーマンス”のありようには“有形財”“無形財”“混合財”の三種がある．

“有形財”としては，“物品，不動産，施設，設備，用具，生物，人材”などが考えられる．たとえば，物品や不動産は形を有する財

有償で“行為やパフォーマンス”を“提供する”←働きの内容				
			↓	
（有形財）	物品	を	販売する	（小売業）
（無形財）	安心	を	請け負う	（生命保険業）
（混合財）	食事・飲料	を	提供する	（飲食業）
（混合財）	宿泊	を	提供する	（ホテル業）

図 2.2　サービス商品の内容と業種

であり，目で確かめられるものである．

“無形財”としては，“知識，用益，便益，安心，不安，信用”などが考えられる．たとえば，知識や安心は概念であって，物理的な形がないため，そのままでは財（“経済的価値があること”を意味する）であることも不明である．無形財は，売買の対象となってはじめて財と認識されるものである．

また，有形財と無形財が混合する財も多くあり，これを“混合財”と呼ぶ．混合財としては“飲食，ライフライン，宿泊，医療，教育，情報，通信，政務，環境，文化，安全，儀式，エンターテイメント，健康，技術，役務，接遇”などがあげられる．

たとえば，飲食では有形財の料理や飲み物と無形財の接遇・雰囲気などが混合する財である．また，ライフラインの代表である電気は，電力という物理的なエネルギーの生産（これだけであれば製造業と考えられる）と個別的な継続的供給があって，はじめて財として認識できるものである．電気は，目に見えない電力と目に見える供給設備や電線との混合された財によるサービスの典型と考える．さらに医療にも，無形財である知識としての医療行為と，有形財であるX線などの検査機器の使用による医療技術とが相まって，はじめて適正に財として機能するものである．

他方，“提供する”としては“供給する，請け負う，保守する，保全する，貸す，執り行う，媒介する，代行する”などがあげられる．

施設を保全するのはビルメンテナンス業であり，物品を媒介するのは小売業・卸売業である．信用を請け負うのは銀行業であり，安全・安心を請け負うのは損害・生命保険業，法律知識を媒介するのは弁護士業である．また，儀式を執り行うのは冠婚葬祭業であり，飲食を供給するのは料飲業，自動車の運転を代行するのは運転代行業である．

そして，これら“行為やパフォーマンス”である対象のありようと“提供する”の内容との組合せで，他者に有償で提供する“働きの内容”が明らかになり，サービス商品の内容と業種が判明する．

たとえば，不動産を対象とするのは不動産業という業態である．その中で，“不動産を供給する”という商品を提供するのは不動産開発業であり，“不動産を貸す”のは不動産賃貸業，“不動産を媒介する”のは不動産売買業，“不動産に投資する”のは不動産投資信託業である．

有形財を対象にする業種は，対象が有形であるため，外形から商品の内容が把握しやすいが，反対に無形財や両者が混合する財を対象にする業種は，外形からは商品の内容が把握しづらい．

したがって，サービス商品は“もの・物”ではなく，“こと・事柄”がその対象となる．サービス提供は“ものづくり”ではなく，“ことづくり”ともいえる．

2.3 サービス品質とは

サービス品質を解説する前に，品質・質について説明する．

2.3.1 品質・質とは

JIS Z 8101:1981（1999年に国際整合化のため廃止・移行）では“品質・質”を次のように定義している．

品物又はサービスが，使用目的を満たしているかどうかを決定するための評価の対象となる固有の性質・性能の全体

時計を例にすると，時計の“使用目的”である機能（働き）は“時を刻む・示す”と表現される．また，その機能（働き）を満たしているのかどうか，満たしているのなら，どのようにどのくらいかを決定する“性質”は正確な“時を刻む”と正確に“時を表す”と表現される（図2.3参照）．したがって，時計の品質を評価するための項目は，刻時精度（正確な）と表示精度（正確に）になる．

品質を評価するための項目を“品質要素”（品質項目）という．

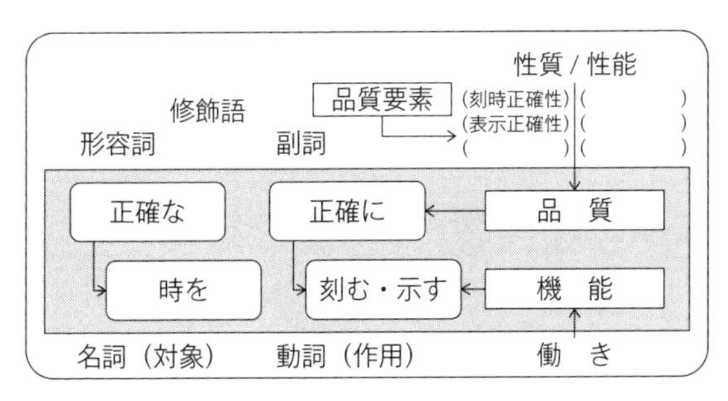

図 2.3　時計の品質の表現

その中で，計測できるものを“品質特性”といい，度数・度合で表す．たとえば，時間正確性は品質要素，刻時精度や表示精度は品質特性といえる．

刻時精度については，標準時間と当該時計時間とのずれを，たとえば，日差15秒，月差15秒，年差15秒などで表す．当然，年差15秒の時計が月差15秒よりも“性能”が高いことになる．秒単位で仕事をしている人にとっては，日差15秒の時計では毎日の時刻の狂いが大きくて時計としては使いものにならないことがわかる．また，表示精度については，時刻の表示が分表示しかされないものの性能よりも，秒表示がされるもののほうが高いこととなり，たとえば，スポーツ競技用時計のように，1/100秒の表示がされるものがさらに性能が高いといえる（図2.4参照）．

2.3.2　サービス品質の定義

2.3.1項の品質・質の定義に従えば，サービス品質とは，“提供される役務やパフォーマンスがその目的である機能（働き）を満たしているかどうかを決定するための評価の対象となる固有の性質・性能の全体”と解釈できる．

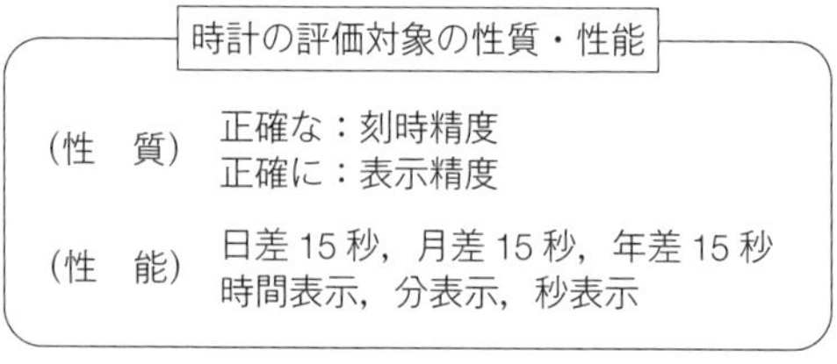

時計の評価対象の性質・性能

（性　質）　正確な：刻時精度
正確に：表示精度

（性　能）　日差15秒，月差15秒，年差15秒
時間表示，分表示，秒表示

図2.4　時計の性質・性能の例

たとえば，レストランの機能（働き）は料理・飲料を提供することであるが，品質は“その働き具合を表す性質・性能”である．一般的にレストランが要求される事柄は新鮮な・美味しい料理・飲料を楽しく・迅速に提供することと考えられる．新鮮な，美味しい，楽しく，迅速に などがレストランの品質を表している．したがって，それぞれ鮮度，美味性，快適性，迅速性などが品質を評価するための品質要素となる（図 2.5 参照）．

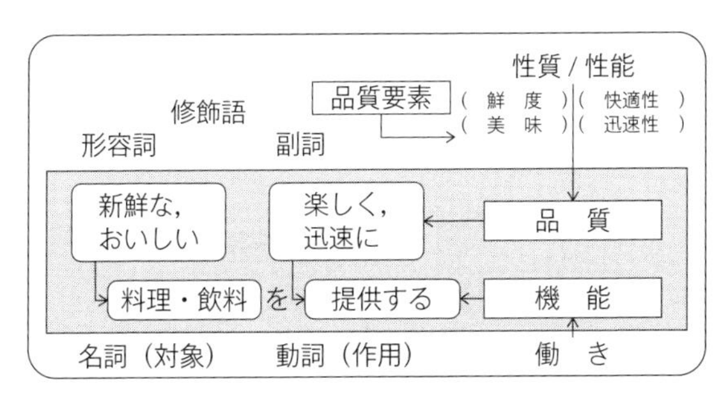

図 2.5　レストランの機能と品質

2.4　サービス品質の特徴

サービス品質には，次に示すような特徴があると考えられる．それぞれの特徴について解説する．

① 心がこもった誠実さ・安心さなど，人的側面が大きく要求される．

② 応対性・快適性・公平性・公正性・安全性など，定量化・数量化しにくい．

③ 適時性・即時性・非可逆性など，時間的要素が大きい．

④ 即応性・対応性など，臨機応変さが要求される．

⑤ 役務提供者の個人的属性（人格・容貌・能力など）への依存度が高い．

2.4.1 人的側面が大きく要求される

お客様がサービスに最も期待することは，ものの品質とは異なり，心のあり方である．人はサービスを受ける場合に，心がこもった誠実さ・心地良さ・安心さなどの情緒的側面を一番大切にする．

どんなに便利であっても，どんなに機能が良くても，サービスに心がこもっていなければ，殺伐とした印象だけが残り，満足することは決してない．逆に，便利さや機能に少々難があっても，心がこもっていれば高い評価を得ることができる．

たとえば，出迎えの挨拶の言葉一つとっても，心がこもった誠実さを感じる挨拶と形ばかりの挨拶では，受け取る側の印象に天と地の差が生じる．会話しているときの表情でも，目離れの時間とタイミングで丁寧に感じたり，雑に感じたりするものである．

“ありがとうございます”の感謝の言葉でも，声のトーン，抑揚，速さ，表情，物腰，距離などで，お客様が受け止める誠実さ・心地良さが微妙に違ってくる．お客様に愛情を感じてもらえるような言葉遣いが最も大切である．

挨拶をするときの態度もよく問題になる．明るい声で“いらっしゃいませ”と迎えてくれるのはよいが，こちらに視線が向いていないことがある．そんな従業員が大勢いると，だれもが形ばかりの挨拶と感じて，決して良い評価はしない．お客様の目をしっかりと見て，にこやかに明るい声で“いらっしゃいませ”と迎えるとお客様の評価は上がる．従業員全員がそのような態度でサービスすると，お客様は間違いなくうれしくなるものである．

目を見ない，つまり，アイコンタクトをしないという態度は，心がこもっていない不誠実さを表し，アイコンタクトをしてにっこりすると，お客様は心がこもった誠実さを感じる．

産地偽装や消費期限の改ざんなどで，従来は信頼されてきたメーカーや販売者が，実は利益の追求しか考えていないということがわかり，日本人の生活は多くの不安にさらされた．これもサービス品質において，人的側面が大きく要求されることを示す例といえる．

2.4.2　定量化・数量化しにくい

対象がものである製品の品質であれば，顧客の要求として品質特性とその特性値が，仕様書や図面によって提示されることが一般的である．通常，要求される品質の根拠が明解であるため，当然ながら定量化・数量化が行われる．

しかし，サービス品質の中でも重要な応対性・快適性・公平性・公正性・安全性などは，定量化や数量化が行いにくいものである．どのように定量化するかということについては，第3章（サービス品質の管理と保証）で詳述するが，応対性などの一部の品質はつかみやすい反面，快適性などはつかみにくい．

2.4.3 時間的要素が大きい

対面して行われるサービスは時間とともに提供される財であることから，タイミングやスピードなど，時間的な要素が品質の評価に大きく関係してくる．

図2.6に見るように，約150人のパーティーが開始され，乾杯の発声をしようとしたその瞬間に，まだグラスに飲み物の準備ができていない人が2人いることが判明した．そこで，乾杯のために上げたグラスを下ろし，この2人のグラスにビールが注がれるのを全員で待った．ところが，係がもたもたしたために，2分間ほど待たされてしまった．

たった2分間ではあるが，非常に長い時間に感じられた．バツの悪い思いを全員が感じ，食事が始まる前から，このレストランのサービスについて良くない印象をもってしまった．しかも，時間は戻せない（非可逆性）ため，やり直しは効かない．“たかがタイミング，されどタイミング”である．

図2.6 遅れた乾杯のタイミング［出典25)］

2.4.4　“臨機応変さ”が要求される

製造現場における作業は，生産前に製造工程のプロセスが明らかにされて，業務ごとに作業標準が明確に指示されることが多い．したがって，同じ業務なら，作業のやり方や手順はあらかじめ決められていて，指示されたこと以外の方法で作業を行うことは禁じられている．“臨機応変さ”を求められる機会もほとんどない．

しかし，サービスの現場では，状況の変化に臨機応変に対応して，その場で即座にお客様の要求に応じることが求められる．

たとえば，理髪店では，来店するお客様ごとに要求される髪型は異なる．それぞれのお客様の希望を把握して，臨機応変に対応しなければならない．長髪もあれば短髪もあり，老人も子供も幼児にも，希望する理髪を行うことが要求される．しかも髪の毛を切った後では，元の長さに戻せない（非可逆性）ため，大きな失敗は許されない．

図 2.7 に示すように，理髪店は大変に難しい対応を要求されているサービスの現場の一つである．

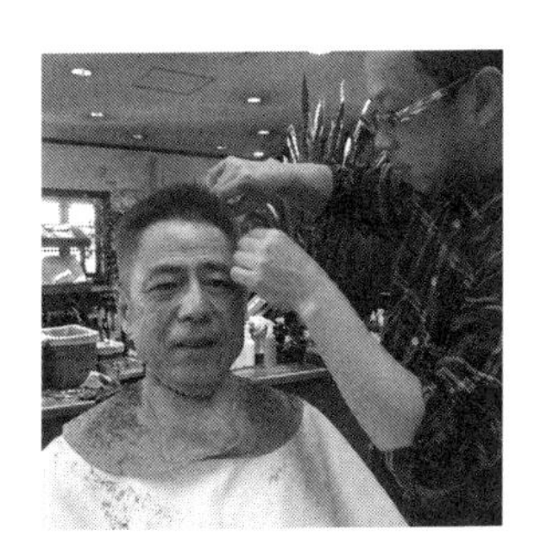

図 2.7　同一人物が突然短髪を要求することもある

2.4.5　個人的属性への依存度が高い

製造現場における作業では，作業者の性格や容貌・言葉遣いなどの役務提供者の個人的属性とはほとんど関係なく業務が行われる．おとなしい性格で，小さな声で話す人であっても，機械の操作の手順さえきちんとできれば問題はない．

しかし，サービスの現場では，応対する作業者の個人的属性への依存度が高いのが一般的である．

たとえば，女子更衣室の清掃作業は女性に限定される．ホテルのフロント係は，丁寧な言葉遣いと，しっかりとした受け答えができるコミュニケーション能力が必須である．ファッション誌のモデルは容姿端麗で抜群のスタイルを要求される．アナウンサーやキャスターは，決められた時間内に明快な口調で視聴者にわかりやすく話す能力が要求されるのである．

したがって，サービス商品に要求される個人的属性（性格・容貌・能力・言葉遣いなど）を満たすことができない人は，その業務には適性がないとみなすべきである．

もちろん，その人の個人的属性を責めるべきではない．適性のない人に，無理に当該役務の提供をしてもらうことは，お客様の満足を得られないことはもちろんであるが，本人にとっても気の毒な状況を生み出す．その人の適性を見極めて，最も適していると思われる業務に就いてもらうことが重要である．

2.5 サービス商品の特徴とサービス品質の保証の難しさ

サービス品質を理解したところで，次はこれをどのように管理して，保証するかを考えなければならない．その難しさを掘り下げるために，サービス商品の特徴を整理しておこう．2.2 節で述べたようなサービス商品がもつ特徴をまとめると，次のようになる．それぞれの特徴について例をあげて説明する．

① 生産と消費の連続性
② 全体像把握の困難性
③ サービス商品の非所有性
④ 生産と消費の同時性・同空間性
⑤ ユーザーの参加や存在の必要性
⑥ サービス内容の不均一性
⑦ 提供プロセス把握の困難性

2.5.1 生産と消費の連続性

サービス商品は，生産と消費が時間的に連続して行われるため，一部だけを切り離すことができない．

たとえば，コールセンターなどでの電話の応対サービスを考えてみよう．電話の応対業務は，時系列で行う一連の役務・便益の提供である．“迅速に，丁寧に，親切に，わかりやすく，的確に”などの状態が要求される．

この場合，電話の応対業務全体が一つのサービスであり，その一部分だけを切り離して行うこと，たとえば，迅速に電話に出ることだけでは，役務・便益を果たしていることにはならない．

相手のコール回数が少ない間に電話に出るのが望ましいということは当然であるが，早く出ればよいというものでもない．早く電話に出て，明るく挨拶して，親切・丁寧に受け答えを行い，不明点は相手に的確に問い合わせて確認し，正確に回答して，確実に意思疎通をはかるというマルチタスク（複数業務）全体が，時間の経過とともにスムーズに行われることが要求されている．

また，レストランで夕食を楽しんだとする．料理の味，盛り付け，温度，料理の待ち時間，飲み物の品揃え，係員の笑顔，係員の言葉遣い，係員の説明，係員の身だしなみ，係員の物腰，注文を聞くタイミング，飲み物を出すタイミング，店の雰囲気などが，その夕食のサービスの評価の対象となる．もちろん，料理の味や盛り付けなど，一つひとつの項目が大切であるが，どの項目も粗末にできるものはなく，一連の仕事の全体が満足できるものでなければならない．一つだけ分けてみても，意味がないのである．誕生日や結婚記念日など，お祝いの目的によっても夕食の流れが変わるので，サービス内容も対応させなければならない．

以上のように，サービス業務の多くはマルチタスクであり，切り離すことができないため，タスク全体を対象に，その良し悪しを評価することが必要となる．

2.5.2　全体像把握の困難性

サービス商品は，行為やパフォーマンスが商品であるため，全体の姿や形が見えにくい．

たとえば，初めて訪れる国へ旅行に行くとき，我われは旅行前にほとんど全体の姿や形が見えないまま出かけている．事前に知りたくとも，行為やパフォーマンスが商品であるため，知りようがない．これがサービス商品の大きな特徴である．

出発空港での応対，利用航空便，機内食，到着空港，出迎え時の係員，ホテル，部屋，食事，観光・移動時のバス，現地観光ガイド，見送り時の係員など，無数の有形財と無形財が複雑に混ざり合ってサービスが提供され，安全に，楽しんで帰国できれば満足するのである．

多くの人が，旅行中の事故や病気など自分には起こらない，関係ないと信じて出かけているのではないかと疑いたくなるほど，旅行前にはサービス内容に対して無関心かつ無警戒である．賢いユーザーは，誠実で信頼できる旅行代理店や旅行ブランドを選んで旅行をするが，この理由は，サービスそのものの特徴からくるものと考えられる．

また，万が一のときのために補償を得る生命保険商品なども，全体の姿や形が見えにくい特徴がある．一般に，病気や死亡など，将来の不安に対して備えておくために，たとえば，障害時300万円，傷病時500万円，死亡時1 000万円のように，契約時の年齢から割り出した掛け金を計算して契約を行う．

契約書には，その契約内容の仔細が極小の文字で印刷されているが，難解な専門用語や法律用語が並んでいるために理解できず，全部を読まないまま，引出しに入れてしまう．

しかしいざ病気になり，10日間も入院したので保険金が給付されると信じて，保険証書を出してみると，特約事項があり，入院14日間以上から１日１万円が給付されると書かれていて，結局，保険金は受け取れなかったという事態が起こりうるのである．

保険金の不払い問題なども，もとを正せば，この全体の姿や形が見えにくいという特徴から派生した問題であるとも考えられる．消費者として賢くありたいものであるが，近年では全体の姿や形を見えるように工夫を凝らす保険会社が現れ，ユーザーを取り込んでいるようである．

2.5.3 サービス商品の非所有性

サービス商品は，ユーザーがその商品を所有することがない．

たとえば，ホテルに宿泊する客は，予約した日数分ホテルの部屋に滞在するだけで，滞在中にその部屋を所有するわけではない．その部屋の使用についての権利を契約期間中に限って行使できるだけである．

また，外国語の通訳なども，その通訳の語学的知識を貸与されているだけで，その語学的知識を購入して所有するわけではない．

2.5.4 生産と消費の同時性・同空間性

サービス商品は，生産と消費が同時間・同空間で行われ，貯蔵や再現が難しく，消滅する．

たとえば，理髪店で理髪やひげそりというサービスをしてもらうような，主に人対人のサービスの提供の場合，その理髪やひげそりを貯蔵して半年後に消費することや，その理髪のスタイルを全く同じように再現することは不可能である．また，理髪というサービスは，生産と消費が同時間・同空間で行われるもので，客と理髪師が別々の時間に理髪を行ったり，別室のような離れた場所で行われたりすることはない．

医療，教育，飲食，安全，儀式，エンターテイメント，健康，接遇などの混合財の提供では，大半がこの特徴を有している．

2.5.5 ユーザーの参加や存在の必要性

サービス商品はユーザーの参加や存在が時として必要となる．

たとえば，客を舞台に招いて演じられるショーでは，客が舞台に参加しなければショーとしての盛り上がりに欠ける．また，上着・ネクタイ着用を要求する高級レストランでは，カジュアルな服装の客はその場の雰囲気を壊してしまう．そのため，上着・ネクタイ着用で入店してもらうことになる．

深夜のディスコでは，どんなに立派な施設にすばらしいDJ・音楽・音響・照明があったとしても，熱狂して踊る客の参加や存在がなければ，もはやディスコとしては営業が成り立たない．これは，ユーザーの参加や存在そのものがサービスの特質として要求されるケースで，安全，儀式，エンターテイメント，健康などの混合財の提供で多く見られる．

2.5.6 サービス内容の不均一性

サービス商品はサービスの内容が均一ではない．

多くのサービス商品で，提供されるサービスの量や内容，方法などが異なることが見られる．これは，行為やパフォーマンスは，その都度変わる状況によって内容が変わることがあり，均一にすることが難しいからである．たとえば，運転代行業では，その都度運転代行する運転手が変わる．運転マナーや礼儀などは人によって少しずつ異なる．同じ運転手であっても，その日の体調や車種の違いによって，同じサービスを提供できないこともありうる．

また，マッサージのサービスなどでは，むしろ，客の体調に応じた施術の部位や強さなどが要求される．均一のマッサージを提供するだけでは満足してもらえない．サービスと提供する内容が目的に適っていれば，均一でなくとも問題とはならない．むしろ，臨機に応対することが必要である．

2.5.7 提供プロセス把握の困難性

多くのサービス商品では，その提供プロセスが把握しづらい．ものづくりの製造業務とサービス提供業務には，その目的とプロセスに大きな相違点がある（表 2.1 参照）．

“ものづくり”の製造業務では，仕様が明確になり，作業要領が

表 2.1 製造業務とサービス提供業務の相違点

製造業務	サービス提供業務
ものづくり (製品を作る)	ことづくり (商品・物語を作る)
仕様，作業要領：詳細	仕様，作業要領：曖昧
ものが残る．	ものが残らない．
工程が見える．	工程が見えにくい．
検査が容易である．	検査が難しい．

詳細に示されないと効率良く多量に製品を作ることができない．作る工程が見えて，ものの検査が容易にできて，ものが残る．

ところが，“ことづくり”のサービスにおいては，仕様が不明確なために作業要領が曖昧で効率良く多量に役務や物語をつくることができない．つくる工程が見えにくく，“こと”の検査は難しく，ものが残らない．

これらの相違点から，サービスは，その全体がつかみづらく，目標も明確に示されず，提供プロセスも作業者に伝達されていないことが多く，デザインレビューもなされず，結果の検査も不十分となり，結果として管理のサイクルが回らないこととなっている．

以上述べてきたサービス商品の特徴から，サービス品質は，サービス商品が同じでも，お客様の要求により求められるものが変わることがわかる．

たとえば，あるレストランで，結婚披露宴と葬儀の会食では，料理・飲み物を提供するという基本的な機能（働き）は同じでも，どのような料理・飲み物をどのように提供するかという品質（機能の働き具合を示す性質・性能）は大きく異なってくる．

結婚披露宴では，楽しく・迅速に提供することが要求されるが，葬儀では，しめやかに・気配りして提供することが要求される．全く正反対の情緒的要求である．

提供された“こと・事実”は，要求内容である楽しさ・迅速さ，しめやかさ・気配りさなどに合っているどうかをしっかりとお客様に評価されることになる．結婚披露宴や葬儀の会食は，親族の中で一生の思い出として語り続けられ，評価されることとなる．

レストラン側においても，提供するサービス品質を評価してその向上を図り，お客様に喜んでもらうことを考える．このため，結婚披露宴のサービスがお客様の要求に合致する楽しさ・迅速さのレベルで提供されているかどうかを把握したいと考える．しかし，お客様の要求に合致する楽しさは，どのようにして評価するのかが難しく，容易にデータが取れないことに直面する．迅速さは，工夫によっては，データが取れそうである．それぞれの料理や飲料の提供時間を記録して，平均や標準偏差を割り出せば評価できる．

ところが，一連のサービスはマルチタスクなので，料理や飲料の提供時間としてのシングルタスクのみを計測しても，肝心のサービス全体の評価や楽しさのレベルの把握が難しく，全体のサービスのできばえ評価ができない．

したがって，サービス品質をとらえて管理する方法には，製造の品質管理とは異なる工夫が必要である．サービス品質の評価と検証（基準への適合を判定する活動）のために，評価に役立つ項目とデータを見つけ，サービス提供のプロセスを把握する方法や記録する方法，計測する方法，分析する方法，伝達する方法，検査・検証する方法などを工夫することが必要となる．

次章では，サービス品質の管理と保証について説明する．

第3章 サービス品質の管理と保証

3.1 サービス品質の管理

石川薫東京大学名誉教授は，品質管理を“もっとも経済的な，もっとも役に立つ，しかも買手が満足して買ってくれる品質の製品を開発し，設計し，生産し，サービスすることである”と定義している．

JIS Z 8101:1981では，品質管理（Quality Control：QC）を“買い手の要求に合った品質の品物又はサービスを経済的に作り出すための手段の体系．近代的な品質管理は統計的方法を活用しているので，特に統計的品質管理（Statistical Quality Control：SQC）ということがある．”と定義されていた．

石川薫先生は，品質管理を行う場合のポイントを次のように述べている．

第一は，買い手，すなわち消費者の要求を満足させる品質をもった製品を生産するためにQCを行うことである．

第二は，消費者指向である．具体的には，消費者の意見や要求をよく調査して，その要求を十分くみとって，製品を設計し，生産し，販売しなければならない．

第三は，“Quality”を広く解釈することである．具体的には，製品の品質のみならず，ものづくりの関連する仕事の品質やサービスの品質，情報の品質，工程の品質，人の品質，システムの品質，会社の品質，方針の品質などを考えることである．

第四は，どんなに品質が良くても，価格が高すぎれば消費者の満足は得られない．すなわち，値段を考えずに品質の定義はできない，値段・利益・原価管理・生産量・不良率等を無視したQCはありえないということである．適正な品質のものを，適正な価格で，適正な量を供給できなければならない．

これらのポイントは，製品をサービスに置き換えれば，そのままサービス品質の管理を行ううえでも大いに役立つ点である．

3.2　サービス品質の保証

サービス品質の保証とは，“売り手が買い手に対して提供する行為やパフォーマンスの結果について責任を負うこと”である．サービス品質の管理の中心・中核ともいえるものである．

3.2.1　サービス品質の保証とは

売り手がサービス品質を請け合ってくれれば，その結果として，買い手がサービスを購入する前に抱いている“事前期待”とサービスを受けた後の“事後評価”が合致することになる．事前期待と事後評価の合致は，通常は顧客満足度の評価に使われる考え方である．顧客満足とサービス品質の保証とは，目的と手段の関係にある概念といえる．

ところで，サービス品質の保証を行うには，どうすればよいだろうか．

サービス品質は，前章で述べたように，誠実さ・心地良さ・安心などの情緒的側面が大きく，応対性・快適性・公平性・公正性・安全性などの評価が行いにくいという特徴がある．そのため，何をどうすれば，買い手の事前期待に対する責任を請け負うこととなるのかを客観的にとらえることが困難である．

たとえば，ファミリーレストランで一人のウェイトレスが来店するお客様に対して同じような挨拶を繰り返しているとする．多くのお客様は，そのウェイトレスの挨拶に対して，好意的であるが，あるお客様から“誠意が足りない”という苦情があった．“いらっしゃいませ，ようこそ当店へ！”と，同じ挨拶を同じ調子でロボットのように繰り返しているだけだという苦情である．レストランの教育が不十分なのか，係の応対に問題があるのか，お客様の無理難題なのか，一概には決めつけられない．このような場合，レストランのサービス品質は保証されていると考えるべきか，保証されていないと考えるべきか，判断が難しいところである．

この疑問に答えるには，次の5点，すなわち，サービス品質の保証の五つのステップを明らかにしておくことが必要である．

① だれを対象に保証するのか．

② 保証する項目（保証項目）は何か．

③ どのように保証するのか．

④ どのくらいのレベル（保証水準）であれば，保証された状態にあるのか．

⑤ 検査（チェック）して保証水準の確認ができるか．

“だれに，何を，どのくらいのレベルで，どのようにサービスを提供すれば，サービス品質を保証できているといえるのか”，以下，それぞれの点について解説する．

3.2.2 だれを対象に保証するのか

サービス品質を保証するためには，第一に対象をだれにするのか，“ねらいの客層”を明確にすることが重要である．すなわち，自分たちが提供しようとしているサービスの主なお得意様や顧客はどのような客層であるのかという“ねらい”を明確化することである．

たとえば，中高年の女性をねらいの客層にしたブティックで，10代の若い女性がその品揃えに不満を示しても，ねらいの客層である女性たちが満足すれば，その品揃えというサービス品質は保証されていると考えられる．

ホテルの例でさらに詳しく説明すると，カプセルホテルのねらいの客層は主に都会に働くサラリーマンである．

公共交通機関の運転が終了した後に郊外へ帰宅するためのタクシー代金と比較して，その経済性と利便性を都会に働くサラリーマンが購入するのがカプセルホテルである．

図3.1の例では“カプセルルームはすべて独立設計，静かで小さな空間，心地良い安らぎの中で落ちついたひとときが得られます”とその快適性をうたっているとする．もちろん，価格はサウナ・大浴場付きで1泊3 500円と，ビジネスホテルと比較しても格安で

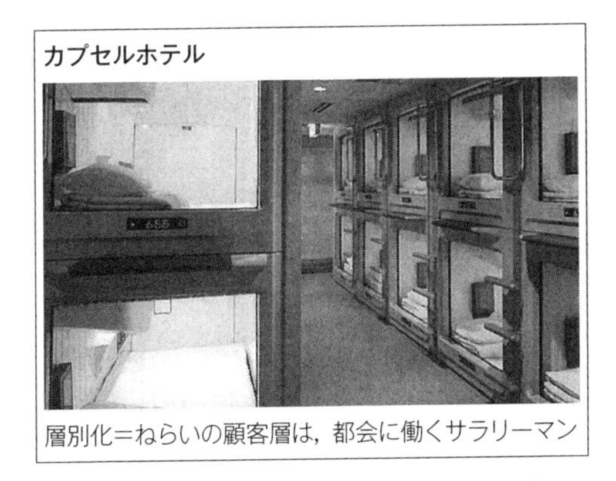

図 3.1　カプセルホテルの例［出典 25)］

ある．

カプセルホテルに泊まったことがない人や泊まりたいと考えていない人に“どんなカプセルホテルがいいですか”と尋ねても答えようがない．泊まる意思がないため，事前期待するものはないのである．止むを得ず泊まったとしても，“安価なだけで狭いカプセルの中では安眠できなかった”と事後評価は不満足とするものと思われる．

しかし，郊外に住み，都会で働くサラリーマンにカプセルホテルの施設や設備の説明をして，“より良いサービスを提供するために皆さんの意見をお聞かせ願いたい”と話せば，“こうしてほしい”“ああしてほしい”という信頼できる要望や情報が得られる．

カプセルホテルが対象とする顧客層，すなわち，ねらいの客層に聞くことにより，初めて本当の要求内容がわかり，保証すべき品質が明らかになる．

一方，図3.2の高級ホテルの例では，ねらいの客層は富裕層になる．“このお部屋は1泊70 000円です．カーテン・テレビ・照明など，すべてリモコンで簡単に操作できます．24時間のルームサービスとコンシェルジュサービスが受けられます．バスとシャワー室は別になっていて，マッサージ機能付きです．トイレは，…”と説明を受けて，“その他ご要望がございますでしょうか”と質問されたとする．

しかし，1泊10 000円の予算の人にとっては，すばらしいサービス内容と感じたとしてもコメントのしようがない．“高価で泊まれないので，要求するものは何もない”という答えになる．

これに対して，高級ホテルのお客様からは，“お風呂に入りながらテレビを観たい”“同行する秘書の部屋も同じフロアにしてもらいたい”“朝食は部屋に付いた会議室でルームサービスを秘書と一

図 3.2　高級ホテルの例［出典 25)］

緒にとりたい”など，個別の要求内容が出される．

このように，同じ宿泊施設でも，その業態によって買い手とその要求内容が大きく異なる．したがって，サービス品質を明確にするためには，まず，“ねらいの客層”を明確にする必要がある．

3.2.3 保証する項目は何か，何を対象に保証するのか

ねらいの客層が明確になったら，その顧客が要求するサービスの機能（働き）と品質（機能の働き具合を示す性質・性能）を明らかにして，その中で最も優先する機能と品質を把握する．これらが保証する項目となる．

お客様にとっては，サービスの機能が購入の第一歩となる．たとえば，カプセルホテルであっても高級ホテルであっても，ホテルの基本機能は宿泊できる施設を提供することである．

したがって，飲食を提供する機能をもたないカプセルホテルに対して，お客様は“おいしい食事を良い雰囲気で提供してほしい”ということを要求することはありえない．保証する項目は，お客様が提供されることを期待している機能についての働き具合である．

カプセルホテルの機能と品質についていえば，図 3.3 のように表すことができる．“清潔な”“快適な”“安心できる”宿泊施設を“清潔に”“安全に”“迅速に”“親切に”提供することである．これらが保証項目となるが，人的要素が強い項目は把握自体が大変に難しい．

一方，高級ホテルになると，“清潔に”“安全に”“迅速に”“親切に”の要求品質レベルもさらに上昇し，宿泊を提供するだけではな

く，飲食，集会，遊興の施設を提供するというように，機能が増える．また，高級クラスということで，“豪華な”“贅沢な”“最新の”“流行の”など，物的・情緒的な品質の要求も増えていく．

したがって，保証する項目が大幅に増加する．“清潔な”“快適な”“安心できる”“豪華な”“贅沢な”“最新の”“流行の”宿泊，飲食，集会，遊興できる施設を“清潔に”“安全に”“迅速に”“親切に”“快活に”“丁寧に”“的確に”“タイミング良く”“良い雰囲気で”“やさしく”提供することが保証する項目になる．

しかし，対象にする顧客層が要求する一定のレベルを超えていることは必要であるが，かといって，保証する項目のすべてを最上級のレベルで保証していこうとしないことである．ねらいの顧客が重

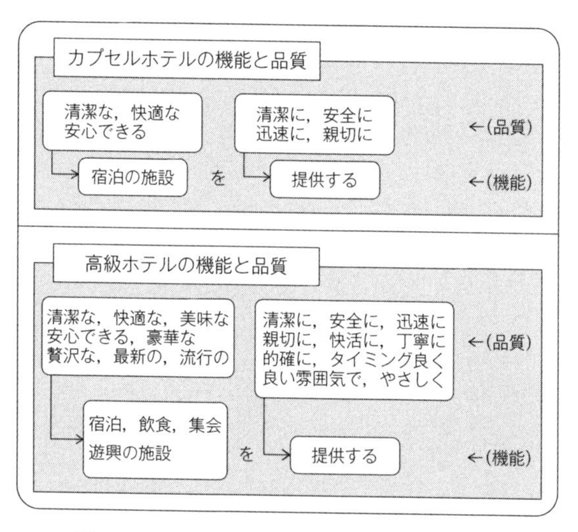

図 3.3　カプセルホテルと高級ホテルの“機能と品質”の比較［出典 25)］

要であると思っている項目を重点的に保証することで，順次，要求品質ごとに保証のレベルを上げていくことが現実的なアプローチである．

たとえば，IT 関係の顧客を増やしたいとねらう都心のカプセルホテルでは“インターネットへのアクセスが大変に良い”“携帯電話の充電器を貸し出す”などのサービスが，ちょっとしたことであるが，お客様にとっては最も重要な事柄である．お客様にとって必要不可欠な“快適な”“迅速に”“親切に”という品質を最優先で保証することが大切となる．

また，同様に，IT 関係の顧客を増やしたいとねらうとしても，高級ホテルでは保証項目が異なってくる．“最新の”宿泊設備は，当然であるが，世界の主要都市とテレビ会議ができる“最新の”コンベンション施設を“快適な通信環境で”提供するなど，要求レベルの高い項目を重点的に保証して，競合ホテルを凌駕することが大切である．

3.2.4 どのようにして保証するのか

サービスの機能（働き）と品質（機能の働き具合を示す性質・性能）はそれらを提供するプロセス・工程で保証される．プロセス・工程は，サービスの提供を計画的・能率的に行うための業務の手順または作業の各段階をいう（以下，“サービス業務工程”または“サービス工程”という）．

サービス工程を管理することで，サービス品質の保証ができる．

サービス工程は，プロセスフロー・業務の流れに沿って，時系列で表すことが一般的である．サービス工程は，できるだけ具体的な業務名を入れて工程表に表すとわかりやすい．

以後本書では，サービス工程の中で最も難しい対象であると考えられる人的サービス業務の保証を中心に述べていく．

ファミリーレストランにおける給仕業務のサービス工程表の例を表3.1に示す．

このサービス工程表に従って，どのようにしてサービス提供するかを具体的な手順で示したものがサービス業務QC工程表であり，これに従って業務プロセスを管理することにより，サービス品質を保証する．どのように管理するかについては，4.4節で詳述する．

表3.1　ファミリーレストラン給仕業務のサービス工程表の例

	サービス工程表 (業務プロセスの流れ)
1	予約客を確認して席を確保する．
2	来店客を良い挨拶で歓迎する．
3	テーブルへ案内する．
4	お冷とおしぼりを出す．
5	オーダーを取る．
6	注文料理・飲料を提供する．
7	追加オーダーの有無を確認する．
8	請求書を提示する．
9	器を下げる．
10	会計をする．
11	お客様を見送る．
12	次客にテーブルセットを準備する．

3.2.5　どのくらいのレベルであれば，保証された状態にあるのか

サービス品質を保証するためには，“だれに（保証対象），何を（保証項目），どのくらいのレベルで（保証水準）”ということを特定しなければならない．

だれに（保証対象），何を（保証項目）が明確にできれば，どのくらいのレベルで（保証水準）ということも明らかになる．すなわち，対象とするお客様がはっきりすれば，保証する項目を明確にでき，それに基づいて価格に応じたパフォーマンスに対する期待レベル（サービスクラス・グレード）が確定できる．

たとえば，カプセルホテルのねらいの客層は都会に働くサラリーマンである．できるだけ安い価格で宿泊できることが目的である．1泊3 500円という価格に応じた“清潔度”“安全性”“迅速性”“親切度”を期待する．

飲食や会議などの機能は期待しないので，それらの保証水準は問題にならない．しかし，清潔なカプセルルームであってほしいし，フロントでの応対も親切にしてほしいと期待される．

一方，高級ホテルのねらいの客層は富裕層である．例えば，1泊70 000円という価格であれば，ファーストクラスのグレードを期待する．とびきり清潔な部屋で，フロントでの応対も格別に丁寧で，やさしく，気をそらさず，至れり尽くせりであることを要求される．

安全性についても格別で，国際空港並みのセキュリティチェック（厳しいけれども，空港以上に丁寧・スマートにチェックする）を

受けなければ，ホテルの敷地内に入れない，宿泊フロアへのアクセスも宿泊者以外は通行できないなどの安全レベル設定が要求されてくる．

カプセルホテルも高級ホテルも，要求される品質要素は清潔度・親切度・安全性など，同じであるが，サービス提供の現場では，それぞれのお客様の要求に合ったレベルで，いつでもだれもが確実に提供できることが期待される．

3.2.6　検査（チェック）して保証水準の確認ができるか

ここまで説明したことで，“だれに，何を，どのように，どのくらいのレベルでサービス品質を保証するのか”ということの必要性を明確にした．最後に行わなければならないことは，提供したサービスのできばえを検査して品質が保証水準に達しているかどうか，確認できるようにすることである．そして，検査して不具合があれば，期待レベルと提供レベルが合致するまで是正する必要がある．

サービス品質は“心がこもった誠実さ・心地良さ・安心さ”などの情緒的側面が大切であることから，その評価基準の設定や計測方法，検査方法が極めて難しい．

検査（チェック）するには“検査対象である品質が評価できるか”ということが重要である．また，品質の期待値レベルが明確で，検査方法と是正方法が決まっていることも必要である．

ファミリーレストラン給仕業務の例でいえば，検査対象である“良い挨拶で歓迎する”というサービスを評価するために，笑顔度［笑顔を 10 段階スケールにした数値レベルで表す（第５章で詳述)]・表敬前傾度などの品質特性(品質を評価する要素の中で計測できるものを指し，度数・度合で表す)を用いることで，評価・レベル・検査が可能となる．スタッフ全員のサービスのできばえが確認(検査)できる．

検査にはチェックシートを使い，“笑顔度・表敬前傾度などの品質特性ごとに，だれがどのくらいのレベルであったか”を検査して記録できる．

しかし，笑顔度・表敬前傾度など，一部分の品質特性でスタッフ全員の実施レベルを確認(検査)することは，理論的には可能で有意義であるが，実際にはチェックシートと集計シートの束ができるだけで，実務的には無駄が大きく，目的に対する効果が著しく低い．笑顔度・表敬前傾度など，一部分の品質特性による検査や評価は評価の対象が細か過ぎ，動作や表情などの部分的評価であるため，工程全体の評価ができないことがその理由である．

多くのサービス業務では，マルチタスクによって構成される一連のサービス工程の全体のできばえを評価しなければならない．

全体のできばえを評価するためには，全体像をとらえることができる品質要素である“歓迎応対性”などの表現で鳥瞰的に評価しなければならない．この考え方は，“品質展開”(5.3 節)で詳しく解説する．展開という言葉は本来“押し広げる”ということであるが，ここでの意味は“部分と全体の関係を明らかにして階層化する”ことである．

したがって，笑顔度・表敬前傾度など，一部分の評価と歓迎応対性の全体の評価が展開されて系統化できれば，一連のサービス工程の全体のできばえが評価できる.

ただし，歓迎応対性は，全体のサービス品質の評価ができる品質要素であるが，そのままでは計測することができない．計測方法を工夫する必要がある.

我われは，客の立場では，どのようにサービスを評価しているのだろうか？　“良い挨拶で歓迎する”一連の行動を受けると同時に，瞬時のうちに“良い・まあまあ・良くない”を評価している．評価は，いちいち個別に理由や計測方法などを考えない．メモもチェックシートも使わずに，挨拶の声・丁寧さ・頭の下げ方・雰囲気など，情緒的側面も含めて，細かい部分から歓迎全体の印象をイメージとして感じているのである．店の雰囲気やスタッフの態度など，全体を体感して受け止める情報は膨大なもので，書き表したり，説明したりすることは難しい．しかし我われは，ごく自然に頭の中で，イメージによるサービスの品質展開を構成してサービス品質の部分と全体を評価しているのである.

言い換えれば，一連のサービスを動画イメージにすることができれば，歓迎応対性のできばえレベルを数値に置き換えて計測することが可能である．検査（チェック）して保証水準の確認が把握できることだけではなく，あらかじめ一連のサービスについて，お客様の目線（要求品質）から品質展開表を作成して，サービス工程の部分と全体の品質系統を把握することができる.

できれば，品質展開表に基づいて実現したい要求イメージとして，歓迎応対性について，保証基準を予測設定して，動画イメージ全体をスタッフに周知徹底することが望ましい．もちろん，歓迎時だけでなく，ファミリーレストラン全体のサービス工程について，動画イメージ化されたサービス保証水準・基準を設定できるとさらによい．

3.3 VMを用いたサービス品質基準の設定と保証

要求イメージを明らかにするためには，サービスの動画標準（ビジュアルマニュアル：Visual Manual，以下，“VM”という）の制作が効果的である．“ビジュアルマニュアル”は，“目に見える手引書”である．

本書で取り上げるVMは，パソコンや視聴覚機器などのITを利用して，作業方法や作業指示などを動画やアニメーション，ナレーションなどで，一目でわかるようにイメージと音声で表現した動的な映像マニュアルをいう．

従来からの文字・図表・イラスト・静止画などを用いた静的なマニュアルと比べ，技能や業務のカン・コツをテレビのコマーシャル映像と同じような感覚でわかりやすく詳細に表現して伝達できるので，技能や業務の理解度が格段に向上し，習得時間が大幅に短縮できるなど，大きな効果が期待できる．

一つのサービス工程について，1～5分ほどの動画を制作して，適正業務標準として表現する．

歓迎挨拶工程を例にすると“当店では，このようにお客様をお迎えします”という動画を制作する．そして，この動画をやるべきサービスの標準・基準として定める．これがVMである．

VM があれば，実際のスタッフのサービスパフォーマンスと VM を比較して，挨拶レベルの達成度合とのギャップ・差を相対的に評価できる．

重要なサービス工程について，VM による客観的なサービス品質基準を設けて，サービス水準・レベルを設定できれば，企画・開発・教育・実施・是正検証が可能となる．あらかじめ提供工程と検査方法と是正方法が決められるので，サービス品質のばらつきが明確となり，サービス工程の管理と保証が可能となる．

サービス品質期待値レベルの明確化と品質評価の方法として，VM を制作することがスタートポイントである．

次章以降では，VM を制作することを前提として，サービス品質の保証体系作りについて説明する．

第4章 サービス品質の保証体系作り

サービス品質の保証を効果的・効率的に実践するためには，品質保証システムの構築が求められる．前章で述べた活動を確実に行うためには，企業・組織の全部門がそれぞれの役割を明確にして，相互に連携しなければならない．このため，サービス商品の企画から提供までの各プロセスにおける各部門の役割・相互関係を一つのシステム（しくみ）としてとらえたものが“品質保証体系”である．

4.1 サービス品質の保証体系図

この品質保証体系を図に描いたものが“品質保証体系図”である．図4.1に“サービスの品質保証体系の概念図”の例を示す．

品質保証体系図は，サービス商品の市場調査・企画と開発から店舗・施設・接遇方法など，サービス商品の提供までの各プロセスにおいて，品質保証のために行わなければならない業務を組織の各部門・機能に割り振った二元表（マトリックス）に業務の間のフロー・流れを組み込んで全組織レベルで示すことが多い．あわせて，各プロセスで使用する主な標準類や関連帳票類・関連規定を補足的に示すと実用的である．

その基本的構成は，縦軸にプロセスの流れを示し，横軸に組織の担当部門・機能をとり，どのような業務がどの部門の担当によって運営されるかを箱（□）で示し，それらの業務の間の関係を矢線（→）で図示したものである．

同図のサービスの品質保証体系の概念図では，○○サービス商品や○○サービス提供担当部など，抽象的な表現なので，サービス内容と部門が実務として理解しにくい．そこで，具体的なサービスの品質保証体系図の例として，ファミリーレストランの例を図4.2に示す．

品質保証体系図は，サービス商品の種類や内容に応じて品質保証体系の内容が異なってくることから，対象商品を特定しないとその保証目的が曖昧となるため，保証活動の詳細も曖昧となる．

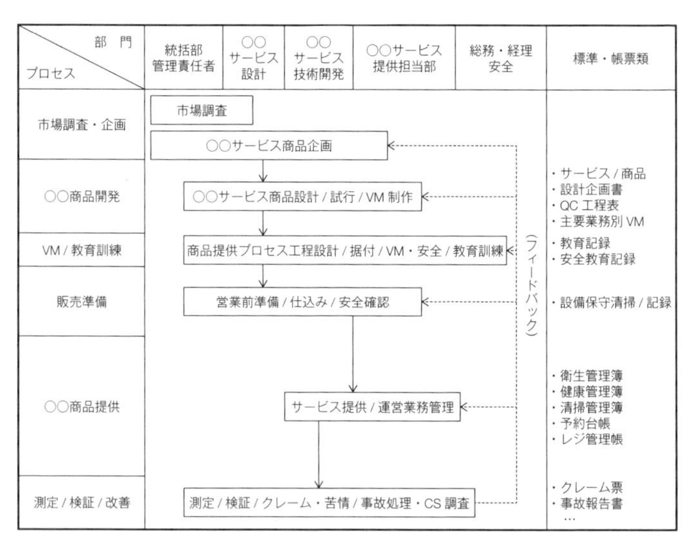

図4.1 サービスの品質保証体系の概念図の例

この例でいうと，“春フェスタ商品”で使う春の食材（春野菜のタケノコ，アスパラ，ズッキーニや春の魚サワラ，アサリ，シラスなど）を期間中に必ず仕入れて，美味しく調理して提供しなくてはならない．メニューや訴求フレーズ，調理レシピも他の商品とは異なってくる．実際には“春フェスタ商品の企画・設計書”を用意しなければならない．サービス商品や内容により機能や部門などが異なることもあるため，自社や自部門における，わかりやすく使いやすい品質保証体系図を作成することが大切である．

さらに参考として，シティホテル ブライダル商品の品質保証体系図を図 4.3 に示す．

たとえば，宴会部門でブライダルプランを企画し，“年間企画商

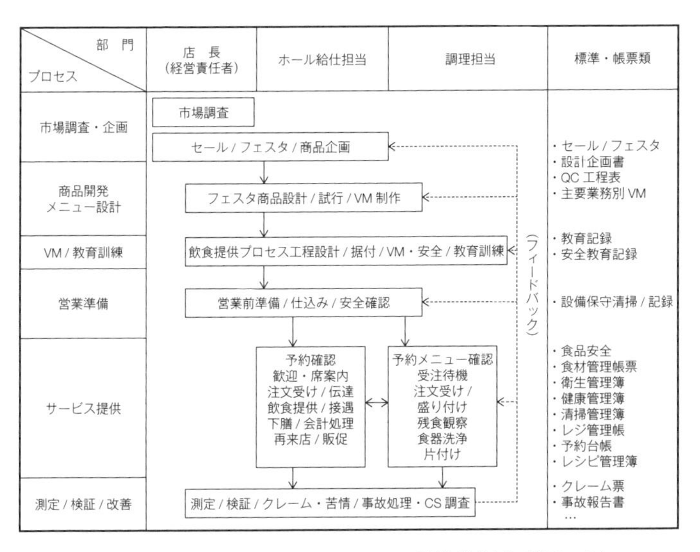

図 4.2　ファミリーレストランの品質保証体系図の例

品で，四季に応じて婚礼料理メニューを変える．婚礼後3年間は，毎年1回に限って宿泊料1泊分の無料招待を実施する．その後10年間は，毎年宿泊料半額で提供し，お祝いのフルーツバスケットを部屋にお届けする”という内容が経営会議で承認されたとする．企画内容はブライダル商品設計書に記載される．しかし，品質保証体系図を用いることで，この商品がブライダルプラン設計企画書やブライダル業務QC工程表などによって社内に展開され，VMをはじめとするさまざまな管理ツールが準備されて実践されることがわかり，10年後まで各セクションの協力の下で，きちんと提供されることが期待できる．

長期的な商品でなくとも，このような一つひとつのサービス商品

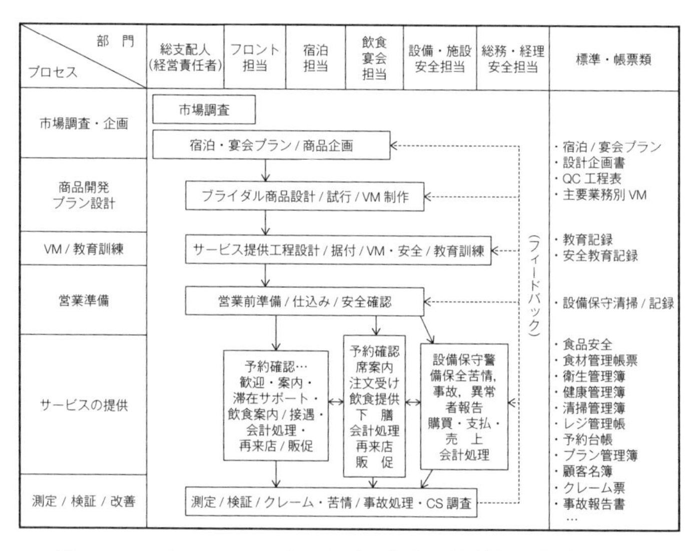

図 4.3　シティホテル ブライダル商品の品質保証体系図の例

や業務の確実な品質保証ができなければ，企業の健全な経営は望めない．

次節以降では，品質保証体系のプロセスの主な項目について，品質保証上のねらいや役割を紹介する．

4.2　サービス商品の企画・設計

サービス商品の企画・設計は，市場調査などからお客様の要求を把握して商品のコンセプトを確定して，サービス商品の提供プロセスをサービス工程表に表し，工程ごとに作業標準を確定して標準化アウトラインを決定する．

4.2.1　サービスレベルの設定

“親切に，迅速に，丁寧に”などのサービスレベルをどのように設定するかを作業者が行動できるように，具体的に，詳細な作業標準を決めていかなくてはならない．

畠山芳雄氏は著書『サービスの品質とは何か』（日本能率協会マネジメントセンター，2004）の中で，標準化とベストプラクティス（ワンベストウェイ）の考え方を次のように説明している．

“標準化の最大目的は，サービスの品質の安定を実現することにある．

もともと違う人がやるサービス品質のばらつきは，よほど工夫しないと，せっかくついた顧客をどんどん失わせる．これは要するに，やり方が人によってばらばらだと，顧客の“事前期待”を裏切るからだ.”

ワンベストウェイというのが，仕事の標準化の考え方である．社内の個々の仕事の手順や方法はよく研究すると，今の時点で最も良いやり方が必ず“一つだけ”ある．そのワンベストウェイを個々の仕事ごとに徹底的に研究してつかみ，それをマニュアルや映像にして教育し，そのとおりに仕事をしてもらう．例外は上司と相談する．これで，すべての仕事を第一級のものにし，競争に勝つ体制を作る．これが標準化ということだ.

つまりサービスは，少なくともそれをビジネスとしてやる限りは，人によって違うということがあってはならないという性質をもっている．ただでさえばらつきを生じやすいサービスの仕事は標準化が経営の最重点課題の一つとなる．仕事を相当程度に設備で標準化できる製造業の場合に比べ，サービス事業における標準化の重要性は次元が違うほど高いといってもいい.

ここで最も大切なことは，対象となるサービスがもつ固有の要素技術（固有技術）のレベルが高いことと，その固有技術を的確に教え，伝えるために管理技術を活用することである.

おいしい料理を調理する技術や店内の雰囲気を高めるための接客技術レベルが高くなければ，お客様の満足を獲得することはできない．また，その固有技術をやさしく表現して伝達し，新人でも理解できるようにして，実際に全店で全員が同じ高いレベルのサービス商品を均等に提供できるようにすることが大切である．これら固有技術と管理技術は，いわば車の両輪とたとえられるもので，どちらか一方が欠けても，お客様の満足を獲得することはできない.

また，作業標準は文字やイラスト，静止画によって記述され，印刷されて，作業マニュアルや標準作業手順書として一般に普及してきた．

マニュアルのうち，“見たほうが早い”ものと“読んだほうがわかりやすい”ものがあるので注意しなければならない．たとえば，初めて耳にする専門用語で解説されても，業界を知らない新人にはわかりづらいことが多いものである．

そこで，動画映像の標準，すなわち3.2.7項で説明したVM（ビジュアルマニュアル）を制作して，イメージでわかりやすくサービス業務内容を関係者に伝達することを推奨したい（作成方法の詳細は第5章で説明する）．

実務に入る前に，まずVMでサービスをイメージでとらえ，概要を記憶に留め，サービス工程を知ってから仕事を始めることによって，スムーズに仕事を覚えることができる．新人に短期間で第一級の業務能力を獲得させることができる絶妙の教育効率化の手段である．

4.2.2　安全・衛生・健康の設定

サービス商品の設計時に忘れてはならないことは“安全・衛生・健康の設定”である．これらは，広い意味では，サービスの品質保証の一環ともいえるが，サービスの品質保証の前提条件でもある．

例えば，ノロウィルスの対策処置についても，予防方法・伝染防止方法など，何をどのように管理するかという具体的な行動レベルで，明確に作業標準が示されている事業所は多くはないのが実情と推察される.

事故・盗難・危害への安全はもちろんのことであるが，天災などにも万全の対策をとって設計し，標準化する必要がある.

たとえば，津波が予測される地域においては，東日本大震災で再認識された“津波てんでんこ”（つなみてんでんこ）が他人事であってはならない．沿岸部における地域では，“津波が来たら，取る物もとりあえず，肉親にも構わずに，各自てんでんばらばらに一人で高台へと逃げろ”“自分の命は自分で守れ”の教訓を生かすことが必要である.

しかし，“各自てんでんばらばらに一人で高台へと逃げろ”とは大事なことであるが，一般論である．“何をどうしろ”という標準にはなっていない.

自分たちの職場の実状に置き換えて，具体的にどこへどのようにして関係者の安全を確保するのか，どのような心構えをし，どのように行動するのかを想定して，安全のVMを制作して周知すべきである（図4.4参照）.

津波てんでんこの教訓は，安全のVMの中で，地震・災害時の心構えとして周知される必要がある.

また，健康管理は個人個人が行うべきであるが，調理・食品・医療・介護関係などに従事するスタッフは，高い健康レベルを維持して定期的に検便や健康診断を受けて記録を残すなど，組織的な管理を行う必要がある.

さらに，病害のみならず，労働環境の衛生的改善や傷害の予防処置なども大切である．サービスは人が応対することが多いため，殊(こと)

図 4.4　地震・災害時の備え VM（イメージ例）
［出典　(株)シービーエム，(有)サービス経営研究所］

に日常の健康管理が前提となる．

たとえば，ぎっくり腰や電気製品の取扱いによる感電，脚立の使用方法，回転椅子には立たないなど，不注意行動による事故の予防なども含めた安全の VM が必要である（図 4.5 参照）．

また，社会の成熟化や高齢化，グローバル化などにより，サービス商品の保証対象やレベルが大きく変化してきているため，それに対応した設計も急務となっている．

たとえば，近年の総合病院においては，多くの外国人の患者が診療を受けているが，受付から診察・入退院・会計まで言葉のストレスが軽減された医療サービスの設計が品質保証の観点から強く要望されてきている．

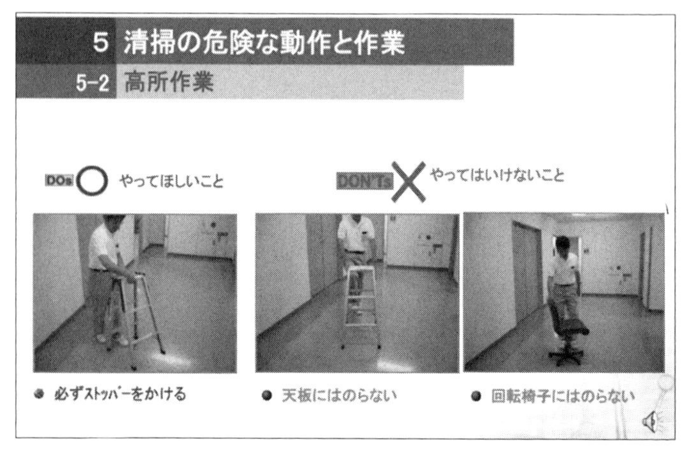

図 4.5 危険な動作と作業(高所作業)の VM の例
[出典 (株)シービーエム，(有)サービス経営研究所]

4.3 サービス提供の試行と不具合点の是正

商品設計のアウトラインが決まったところで，ねらいの客層を確定し，販売価格や提供方法のおおよそを骨格にして，まず社内でサービス商品を実際に提供できる形に試作する．この試作のできばえを確認することを“試行”と呼ぶ．設計担当者，技術開発担当者およびサービス提供担当者など，社内の関係者が実際にサービスを受け，企画のコンセプトに沿った商品であるかを審査し，不具合点を是正していく．

次に，ねらいの客層に対して，是正された試作商品を提供して，感想を聞き，さらに満足な商品に仕上げていく．

社内と評価を依頼した消費者から高い評価を得られたら，重要品質について保証基準を決めて，VM 制作準備となる作業手順書に書き表す．

4.4　サービス業務 QC 工程表

サービス商品の設計とサービス提供の試行と不具合点を是正したら，サービス業務 QC 工程表を作成して，品質保証体系の骨幹をつくる．

サービス工程表（表 3.1，48 ページ参照）の流れに沿って管理項目・管理水準・管理方法などを明らかにしたものが，サービス業務 QC 工程表である．

サービス業務 QC 工程表は，縦軸に時系列で業務プロセスの流れであるサービス工程を表し，それらの工程ごとの横軸に管理項目・管理水準・管理方法などを記し，“何を（管理項目）・どのくらい(管理水準)・だれがどのように（管理方法)”してサービスを提供するのかを記入して作成する．

例えば，ファミリーレストラン給仕業務のサービス業務 QC 工程表（表 4.1 参照）を作成するには，サービス業務プロセスの流れを洗い出して，工程を時系列で記入する．

次に，管理項目（何を）と管理水準（どのくらい）をおおまかに決めていく．

まず，出勤後に予約台帳を確認して，勤務シフト時間内の予約客の有無とそれぞれの予約人数・時間・希望席を必ず確認して席を確保する．次いで，来店されたお客様を良い挨拶で歓迎し，そのお客

表 4.1 ファミリーレストラン給仕業務 QC 工程表の例

	サービス工程表(業務プロセスの流れ)	管理項目(何を)	管理水準(どのくらい)	管理方法			
				管理帳票	検 査	是 正 処置者	異 常 管理者
1	予約客を確認して席を確保する.	予約人数・時間・希望席	ミス0件	予約台帳	係本人	係・店長	店 長
2	来店客を良い挨拶で歓迎する.	笑顔・歓迎挨拶	笑顔挨拶・VM	業務日報	〃	〃	〃
3	テーブルへ案内する.	笑顔・口調・態度	VM	〃	〃	〃	〃
4	お冷とおしぼりを出す.	迅速・冷水温度・おしぼり鮮度	2分以内・VM	〃	〃	〃	〃
5	オーダーを取る.	正確・丁寧・親切・迅速	VM	〃	〃	〃	〃
6	注文料理・飲料を提供する.	正確・丁寧・親切・迅速・順番	ミス0件・VM	〃	〃	〃	〃
7	追加オーダー有無を確認する.	正確・丁寧・親切・迅速	ミス0件・VM	〃	〃	〃	〃
8	請求書を提示する.	正確・丁寧・迅速	VM	〃	〃	〃	〃
9	器を下げる.	清潔・丁寧・親切・迅速	VM	〃	〃	〃	〃
10	会計をする.	迅速・挨拶・金銭正確・確認	VM	〃	〃	〃	〃
11	お客様を見送る.	笑顔でお礼・丁寧	VM	〃	〃	〃	〃
12	次客にテーブルセットを準備する.	正確・丁寧・迅速	VM	〃	〃	〃	〃

注 業務日報に安全衛生健康管理報告, オーダーミス, 提供ミス, 遺失物報告, 苦情報告, 事故報告の欄を設けておき, 記入例を別途 VM で教育すること.

様をテーブルへ案内する．

順次それぞれの業務を行い，お客様を見送り，次客にテーブルセットを準備して，一連の給仕業務が提供される．

管理方法，すなわち，“だれがどのようにサービスを提供するのか”については，使用する管理帳票・検査する人・是正処置者・異常管理者を決める．

この例では，管理帳票として予約台帳と業務日報を使用する．毎日報告する安全衛生健康管理報告と発生時に記録するオーダーミスや提供ミス，遺失物報告，苦情報告，事故報告のいずれも業務日報に記入欄を設けている．このように管理方法を取り決めておけば，管理帳票を少なくすることができる．また，予約は月別・曜日別・予約時間・人数・希望席があるため，別の予約台帳に記入して管理し，ミスのないようにするとよい．

また，ミス・苦情・事故などが発生した場合の検査はその都度係本人が記入し，そのミス発生時の是正処置は係または店長が行い，苦情・事故などの異常管理は店長が行うことが決められている．できるだけ簡潔で特別な書類を増やさずに，記録されたデータによって管理することが実務上必要である．

サービス業務 QC 工程表は作業標準である VM を作成するための下準備となる．サービス業務 QC 工程表で，工程ごとに管理項目・管理水準・管理方法をおおまかに決めて，その詳細な作業内容や品質レベルを VM に織り込むのである．

サービス業務 QC 工程表を作成することで，保証対象であるサービス業務を一連の流れから品質レベルの管理方法が俯瞰できるようになり，社内に業務情報の共有化ができて，業務の見える化が実現できる．

このように，サービス業務 QC 工程表はサービスの品質保証体系の基礎となるツールである．

4.5 VM による保証レベルの一貫性の確保

VM は，サービスの品質保証上に必須な情報の伝達手段として，次のような利点がある．

① サービス方針や企画の意図を簡潔に，イメージで，的確に伝えられる．

② 工程ごとに，要求サービス基準と作業手順をイメージで表現できる．

③ サービス全体と部分を簡潔に作業者・協力者・お客様に伝えられる．

④ “やるべきこと・やってはいけないこと”をイメージで的確に表現できる．

⑤ インターネットなどで，サービス内容を発売前に適時・安価に発信できる．

⑥ 新人の教育訓練が高い習得レベルで効率的に実現できる．

すなわち，VM 制作によって，動画やアニメーション，ナレーションなど，一目でわかるようなイメージと音声で表現して，サービスの水準とレベルの設定ができることから，サービス提供前・提供中・提供後の重要工程におけるサービスの品質保証レベルの一貫性の確保が可能となる．

たとえば，ホテル業では，客室という有形財をお客様に提供することが本体の提供工程である．高級なホテルもビジネスホテルもカプセルホテルも同じように客室を提供する．したがって，提供工程の流れはほとんど変わりがない．

しかし，ホテルのグレードにより，サービス品質レベルは大きく異なってくる．どのようなレベルの客室を，どのように応対して提供するのか．ホテルのグレードが上がると客室のタイプも増え，ルームサービスも多様となる．客室からのお客様の要求に応えるサービス品質水準も高く，子細に渡ることとなり，多様な標準が必要となり，旧来の紙による業務マニュアルのみでは，業務管理水準を徹底してサービス品質保証を行うことは難しい．

しかも，提供前には客室内の清掃やベッドメイキングなどの業務がある．これら提供前の業務についても，バスルーム・ベッドルームなどの作業手順・備品補充・仕上がりレベルが一貫した管理水準を達成できなくては，品質の保証にはならない．

VM の具体例を図 4.6 に示す．

同図は，静止画で表されているが，実際には動画やアニメーション，ナレーションなどのイメージと音声で表現した動的な VM である．ベッドメーキング業務の全体の作業手順を，七つの工程を時系列で動画とともに，やるべきこと・やってはいけないこと，仕上りレベルなどの重要ポイントを示して説明するものである．

できる限り，VM にはサービスの現地・現場・現物を使用して，作業方法と仕上りレベルがリアルに示されるように制作することが

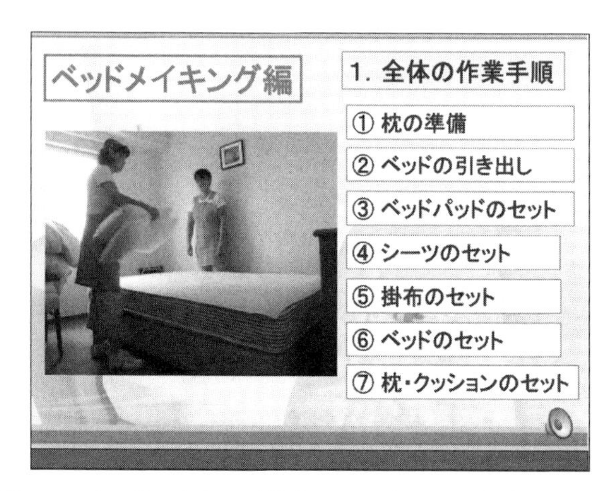

図 4.6　ベッドメイキング業務の VM（イメージ例）
［出典　(株)シービーエム，(有)サービス経営研究所］

望ましい．サービス品質保証の基準であるとともに，新人の理解が視聴時にイメージで得られて，習熟が早急に実現することが期待できるからである．

次の例は，同じく客室提供準備の工程の一つであるバスルームの清掃の VM である（図 4.7 参照）．

図 4.7 のように，客室提供準備の業務一つ取り上げても一連のサービス工程があるので，ホテル全体ではたくさんの業務標準を用意して，サービスの品質保証体系を構築する必要がある．

特に接遇面では，管理水準を決めて，いつでもだれもが同じレベルでサービスを提供しなくてはならない．

だからといって，サービス提供プロセスの全体を VM 化することは，時間と費用面などから物理的に無理がある．品質保証体系図

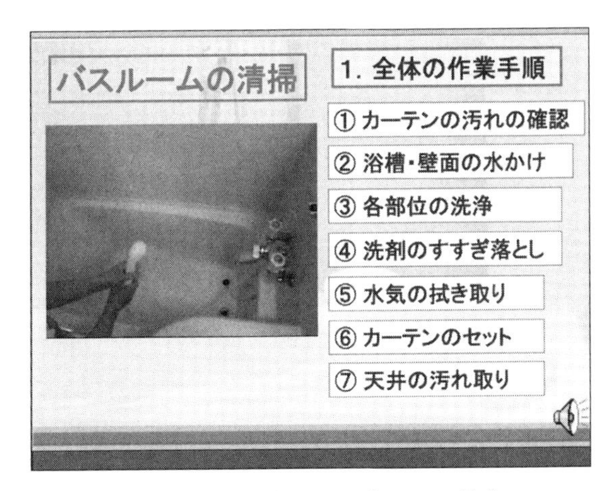

図 4.7　バスルーム清掃業務の VM（イメージ例）
［出典　(株)シービーエム，(有)サービス経営研究所］

を作成してサービス提供プロセスの全体を把握し，主要な業務を選び，サービス業務 QC 工程表にまとめ，管理項目・管理水準・管理方法を明確にし，最重要の工程を VM 化し，要求されるサービス基準とレベルをイメージで目標として明らかにして，いつでもだれもが同じレベルでサービスを提供できるようにすることが肝要である．

VM による客観的なサービス品質基準を設けてサービスレベルを設定できれば，提供後の評価もイメージとしてレベルを比較できるため，できばえの検査も行えることになる．これにより，サービス品質のばらつきが明確となり，反省やデザインレビューも可能となり，結果として，管理のサイクルを回してサービスの品質保証が実現できることとなる．

4.6 VMによる教育訓練の実施

制作されたVMは，従業員と協力関係者へ教育訓練を実施しなければ，“絵に描いた餅”となる．

この教育訓練でVMを活用することがサービスの品質保証上，大切なことである．VMは，何もわからない新人でも業務や作業内容がわかるように制作されていることから，イメージとして印象に残りやすく，頭や感覚ですぐに理解ができる．しかし，多くの内容や情報が動画とナレーションで解説されるため，1,2回ほどの視聴では身には付かない．

VMの内容に従った業務や作業を無意識のうちに行動できるようになるには，一定の期間，繰り返して視聴したり，ポイントを印刷して読み返すことができるようにしたりするなど，実務でフォローすることが必要である．

制作したVMをどのように社内で活用するのかを事例で紹介する．

C社は，病院の清掃業務を中心にした建物清掃を事業とする社員数約480人(そのうち440人がパートタイマー)の中小企業である．

同社で働く作業者全員が同じ方法で作業を実施して，顧客が期待する仕上りやマナー，スピードを得ることは至難の業である．

現場作業者がほとんどを占める同社のパートタイマーは，退職と勤務の頻度が多いことから，新人の即戦力化が求められている．採用時の教育訓練のできばえが，そのままサービスの良し悪しの決め手となる．

そこで“良い仕上りと良いマナーで清掃する”という品質方針を実現するために，作業者全員が同じ方法で作業を実施できるように，作業標準VMと職場運営VMを制作した．

VMが品質保証活動を支えている点が同社の特徴である．

教育訓練の中心は，仕上り品質を確保するための八つの作業標準VMと，マナー品質を維持向上させるための六つの職場運営VMと実技指導で構成されている．

職場運営VMはマナー品質レベルを保証するためのもので，病院内で人に応対することが多い仕事柄必須のVMである．清掃作業以上に挨拶や勤務態度に対する要求がシビアであり，働く人の質の管理が要求されている．そのため，新人育成カルテ（図4.8参照）を作成して3か月かけて育成していく．

採用が決まると，入社当日に主だったVMを約2時間かけて視聴してもらう．職場のマナー・ルールや安全・健康，清掃用具の使い方，清掃のやり方など，内容は基本的なVMである．

これらのVMを通して，“我が社ではこうして働いてもらいたい”“良いチームワークで仕事をしてお客様に喜んでもらいましょう”というメッセージが確実に，具体的に伝わり，新人の理解と共感を得ている．

毎日のように1人2人と中途採用があるため，入社時の教育訓練もその都度実施されている．コンピューターとプロジェクターのスイッチを入れれば，本社事務所に勤務するだれもが教育訓練係に早変わりできるので，手間もかからず，新人全員に同じ内容の教育訓練が実施できる体制が整っている．

この後，新人育成記録表で新人の技能育成レベルの進捗管理と評価を行い，不得意の作業を克服するための指導資料とする．

また，新人作業者評価チェック表（図4.9参照）は，3か月間の技能習得の評価表で，仕上り品質とマナー品質を確保できているかを評価し，本採用時の時給決定に使われる人事評価のよりどころとなっている．

新人育成カルテ

面接日：H　　年　　月　　日　　　　　　㈱CCCC ホスピタルサポート部
入社日：H　　年　　月　　日　　　　　　現場名：
勤務時間：　　時間（　　　～　　　）　　記入者：
氏名：　　　　　　　　　　　　　　　　起票日：H　　年　　月　　日

2 教育

教育日程	プログラム	実施・終了日	実施者	実施状況
入社時教育（1日目）3時間（本社）	VM 11 会社概要説明	月　　日		
	VM 12 病院清掃の心構え	月　　日		
	VM 13 ホスピタルマナー	月　　日		
	VM 14 職場のルール	月　　日		
	VM 15 作業の安全・健康管理	月　　日		
	VM 16 院内感染・針刺し事故	月　　日		
	VM 1 床面掃き・吸塵	月　　日		
	VM 2・3 床面拭き	月　　日		
	VM 3 洗面台・流し台清掃	月　　日		
	VM 4 共用トイレ清掃	月　　日		
	VM 5 浴室の清掃	月　　日		
2日目教育	実技指導（ダスター・ほうき）	月　　日		
	実技指導（モップ）	月　　日		
	実技指導（洗面清掃）	月　　日		
	実技指導（トイレ清掃）	月　　日		
3日～30日以内教育	作業指示書教育	月　　日		
	実技指導（浴室清掃）	月　　日		
	実技指導（作業手順）	月　　日		
	VM 6 病棟日常清掃手順	月　　日		
	VM 7 拭き上げ・高接触部清掃	月　　日		
	VM 8 高所・低所除塵・外周・クモの巣・エレベーター・エスカレーター清掃	月　　日		
1か月以内教育	仕上り品質教育	月　　日		
	ハンドブックどおりできているか確認	月　　日		
	1か月チェック表評価	月　　日		

図 4.8　新人育成カルテの例

評価の目的は，作業者全員が確実に教育訓練を受け，ベストプラクティスを実施して，サービスレベルをお客様に保証することである．そのためには，作業者ごとのサービスの力量を評価する方法を決めて，間違いなく作業が実施されていることを確認しなければならない．

これら一連の教育訓練を受けた新人は，受けてこなかったころの新人と比べて，マナーやルールの順守に協力的で，技能習得の速度も速くなっている．また，従業員定着率も向上し，職場の安定化が実現できている．

作業者評価チェック表　（新人）

病院名：西○○病院　　　チェック日：（　　）（　　）（　　）

対象者：西○○A子　　　チェック者：

	対　象	項　　目	入社時評価	2か月目	3か月目
1	ダスターの使い方	ダスターが自由に扱える．	2	2	3
		ゴミ・ホコリを残さない．	2	2	2
		ダスターのゴミを適切に処理できる．	2	2	2
		ダスタークロスを適切に交換できる．	2	2	3
2	モップの使い方	確実に汚れを拭き取れる．	2	2	2
		モップの色による使用場所がわかる．	2	2	3
		清掃途中にモップを洗って使える．	2	2	3
		モップの廃棄時期がわかる．	1	2	2
3	洗面台清掃	洗剤を適切に使える．	2	2	3
		毎日ブラシでブラッシングできる．	2	2	2
		鏡・洗面台全体を適切に拭き上げられる．	2	2	2
4	トイレ清掃	洗剤を適切に使える．	2	2	2
		毎日ブラシでブラッシングできる．	2	2	2
		便器全体を拭き上げることができる．	2	2	2
5	浴室清掃	水垢を残さないで清掃できる．	1	2	2

図 4.9　新人作業者評価チェック表の例

4.7 サービスの提供と記録

一般的に，サービスは顧客の要求が曖昧でその全体がつかみづらく，提供プロセスの設計やサービスの基準・目標を明確にしないままに提供されることが多い．また，できばえの検査も不十分となり，適切な記録が残らず，結果として管理のサイクルが回らないことが少なくない．

したがって，サービスの提供は品質保証体系の下で商品企画・試行を行い，商品設計段階からサービス業務QC工程表を作成して，主要業務のVMを制作し，教育訓練を十分に行ってから実施することが期待される．

仕込み・安全確認など，日々の販売準備を行い，工程ごとに運営業務の管理を行ってサービスを提供しなくてはならない．

販売準備と運営業務の管理には，工程ごとの標準類と管理帳票類を用意し，VMによる作業指示を行い，サービス提供の記録を残すことが必要である．残すべき記録としては，VMを用いた教育訓練記録や設備保守記録，衛生管理簿，健康管理簿，清掃管理簿，レジ管理帳，業務日報などがある．

サービスは行為やパフォーマンスであるがゆえに時間の経過とともに消えてしまい，ものや形が残らない．しかも，非可逆性であるため，やり直しが効かないサービスも多い．このため，4.4節で述べたように，日常的工程管理に負担がかからないように，管理に必要となるデータができるだけシンプルで，正確に記録されるように用意するのがよい．

4.8 提供したサービス品質の検証とVMの是正

提供したサービス品質のできばえは検証して評価し，必要があれば改善しなくてはならない．VMのとおりに提供されていれば，通常は何ら問題が起こらず，できばえも良く，お客様に満足されることが予測される．

しかし，時に“VMのとおりに行動しても苦情が出る”“VMのとおりの行動ができなくて苦情が出る”ことがある．これらの苦情については“個人の業務能力に問題があるのか”“VMの内容に不備があるのか”を判断しなくてはならない．

個人の業務能力に問題がある場合は，教育訓練を繰り返し，できばえの悪い業務や作業を見つけて，VMのとおりに提供できるように当該者の能力を向上させることが必要である．

また，VMの内容に不備があれば，その部分を割り出して是正しなくてはならない．

いずれにしろ，提供したサービス品質のできばえを経過とともにモニタリングして記録することが必要である．

だからといって，良いサービスを目指してむやみにチェックシートを作成して，データを取ることは無駄が多いため，避けるべきである．効率的なモニタリングや検査結果を記録するためには，業務形態に合った工夫が必要である．

これまで述べてきたように，きちんとした品質保証体系の下で制作されたVMがあれば，このVMで表現された業務や作業が基準であり，保証レベルであるので，VMのとおりに提供できたかどうかを記録することができばえの記録となる．すなわち，保証レベルを適切に示したVMがあれば，実際のスタッフのサービスパフォーマンスとVMを比較して，提供レベルの達成度合とのギャップ・差を相対的に評価できる．

そこで，時間の経過とともに消えてしまう自己のサービスパフォーマンスがVMのとおりに提供できたかどうかを常に意識して，業務や作業を行うように指導する．一番大切なことは，その場でその時にメモをとる習慣付けである．正確なメモをきちんと業務日報に記入する，パソコンに入力するなど，記録をすることで，現状解析などが可能となり，提供したサービス品質の検証とVMの是正が可能となる．

検査方法としては，毎日の勤務終了時に自己申告でチェックして，保証水準の確認をするとよい．挨拶の都度チェックシートに記入する，不適正な挨拶の頻度を数えるなど，データを取る必要はない．忙しいのに，自分の応対態度の不具合を考えながら接客することは難しい．

“今日はどうだったか”と一日を振り返ってみて，自分の感覚でVMによる動画標準と自分のパフォーマンスのギャップ・差を相対的に評価していけばそれでよしとする．サービス品質のレベルの確認はレベルの改善・向上がその目的であるからである．

サービス品質の中でも情緒的側面の強い要素については，サービスを提供する人の自覚が品質のレベルを保証する際の決め手となる．指示命令や強制で挨拶が良くなることはほとんど期待できない．自分でレベルを認識して，初めてレベルアップが実現する．同僚との間で互いにチェックし合うことも効果がある．自主点検が基本であり，たとえば，店内に鏡を多くかけておいて，笑顔や表情など，自分の応対態度を確認できるようにする，ビデオ撮影をして適正挨拶度を自分で確認するなどの工夫があるとさらによい．

また，サービス提供は受け手であるお客様の側でも評価している．記録をするかしないかは別として，サービス提供を受けると同時にできばえを感覚的にとらえているものである．お客様は記録しなくとも記憶している．そのサービス提供のできばえが良ければ，満足して再度購入してくれるが，悪ければ，再度購入はしない．サービス提供に大きな不満があれば，苦情・クレームを申し立てることになる．

当然，サービスの提供者はこれらの事態に，その時にその場で是正することが肝要である．しかし，“サービスの非可逆性”からやり直しができないことも多く，謝罪して値引きするなどの対応が必要となる．これらは苦情として内容を記録し，原因を究明して，対応しなければならない．

人が原因となるクレームや苦情については，個人を攻撃するのではなく，その人の業務能力を高めていくことが重要である．これがサービス品質の検査と是正で一番必要なことである．

この場合，いきなりスタッフ全員の検査は行わないほうがよい．まず，全体のサービス品質のレベルをおおまかに評価する．そのうえで，レベルの低い項目がお客様から重要な品質と思われている項目であるかどうかを検証し，重要な品質と確認できたら，その業務に関する不具合を見つける．次いで，クレームや苦情が多い人や勤務シフトなど，具体的な状況を把握する．原因を突き止め，対策を立てて，是正することになる．

たとえば，レストランで配膳時にお客様からの苦情が多く出たとする．苦情内容を聞き取って現状を把握し，オーダーミスと提供順番ミスが多いことが判明した．重要品質であることから，即刻対策が必要である．このような場合には，苦情があった期間のオーダーシートを確認（検査）し，仔細な事実を把握する．特定のスタッフがミスをしているのか，特定のメニューが出るのが遅いのかなど，原因を突き止め，対策を立てて，是正する．

ここで大切なことは，スタッフ全員がVMのとおりに業務を行っていたかどうかを確認することである．VMのとおりに業務を行っていたにもかかわらず，オーダーミスと提供順番ミスが多い場合は，VMの内容がお客様の要求と異なっているのか，スタッフが内容を理解していないのか，調理担当との連携がVMコンテンツに指示されていないのか，提供メニューが増えたのか，変更したのかなど，さまざまな原因が考えられる．スタッフもメニューも変わり，場合によっては，VMの見直しの必要があるかもしれない．

VMは，常にその時点でのベストプラクティスや商品を標準として表して，是正・更新しないと，数年で役立たないものになる．年2回くらいは，定期的に見直すことが必要である．

新商品企画のコンセプトが固まり次第，ねらいの客層を決定し，その客層の満足を実現するためにサービス品質を設計し，商品化し，販売した後に，ねらいの客層が満足しているという検証ができれば，サービス品質は保証されていると考えられる．

第5章 サービス品質の保証に役立つ手法

サービスは“無形で見えない”“とらえどころがない”という特徴があるために，データがつかみにくい．また，サービスは行為やパフォーマンスであるがゆえに，時間の経過とともに消えてしまい，ものや形がデータとして残らない．

事実を表す情報としてのデータがつかめないと，サービスを評価したり，検証したりすることが難しく，現状の把握や目標設定すら難しいことも多く，管理のサイクルを回すことができない．管理に必要な手法も役立たせることができない．

しかし，サービスを評価するデータは，後述するように，工夫次第で収集することができる．意識してメモをとること，常に録画機器を携帯して記録することを習慣にすることが重要である．データを収集できれば，サービスを評価したり，検証したりすることが可能となり，サービス品質の保証に役立つ手法を十分に活用することができる．

本章では，基本となるサービス評価に役立つデータとその収集と活用の方法を述べ，続いてサービス品質の保証に役立つ主な手法を解説する．

5.1 サービス評価に役立つデータとその収集・活用の方法

データとは“証明・判断・結論などを裏付けるための数値化・記号化・イメージ化された基礎資料”のことをいう．

サービスを評価するデータには，数値データと言語データとイメージデータの3種類がある（表5.1参照）．

表5.1　サービス評価に役立つ3種類のデータ

データの種類	意味・内容	収集の方法	主な手法
数値データ	情報を数字で表す．	測る・数える．	QC七つ道具
言語データ	情報を言語で表す．	報告の言語を使用する．	新QC七つ道具・品質機能展開
イメージデータ	情報を事象・イメージで表す．	画像・映像・録音・におい，味覚センサー	QC工程表・故障解析・VM

5.1.1　数値データの収集

数値データは“製品やサービスの状態や条件などを数値で表す資料”をいう．数値データを収集については，QC七つ道具などを使って，サービスの評価を行う．

数値データには計量値と計数値がある．計量値は，長さ・質量・温度・時間などのように，“はかる”ことによって得られる値のことである．例えば，スライスハムの厚さ（1.5 mm），ポテトサラダの盛り付け量（20 g），室内温度（21℃），お客様のお待たせ時間（25分30秒），売上高（70万円/日）などがあげられる．

他方，計数値は，苦情件数・返品個数・売残り個数・回答件数などのように，一つ，二つ，…，1回，2回，…，と“数や個数を数える”ことによって得られる値のことである．

例えば，ある病院において“診察待ち時間が長い”というサービスの苦情を改善したいとする．この場合，どのくらい診察を待っているのか，待ち時間をどのくらいに短縮したいのか，現状をとらえて目標を立てることから始めることとなる．

そこで，チェックシートをつくって，診察待ち時間のデータを取り，現状を把握する（表 5.2 参照）．

診察待ち時間というデータ（数値データ）を取ることで，現状を把握して，計画・実施・確認・対応処置，すなわち，PDCA を回して管理することができる．

表 5.2 診察待ち時間 調査表の例

XXXX 年 YY 月 ZZ 日（月）記録者名：QQQQQ

No.	患者様名	受付時間	診療開始時間	診療待ち時間（分）
1	AAA	9:00	9:05	5
2	BBB	9:03	9:20	17
3	CCC	9:10	9:35	25
4	DDD	9:15	9:55	40
5	EEE	9:20	10:10	50
6	FFF	9:30	10:20	50
7				
8				
9				
10				

5.1.2　言語データの収集

言語データは“情報を言語で表すデータ”である．言語データについては，新QC七つ道具や品質機能展開（Quality Function Deployment：QFD）などを使って，サービスの把握や評価を行う．

言語データは“報告によるデータ”“推論によるデータ”“断定によるデータ”の3種類ある．

“報告によるデータ”は，実証可能であり，証明・判断の裏付けに欠かせないデータとなる．“推論によるデータ”は，既知をもとに未知を述べる不確定なデータで，事実の証明・判断の裏付けにはならない．また，“断定によるデータ”は，伝達者の賛否を述べている主観的なデータで，これも事実の証明・判断の裏付けにはならない．

たとえば，我われは自動車が道路を蛇行して走っているのを見ると“酔っ払い運転だ．見てごらん．事故を起こすぞ”という．

しかし，我われが実際に見ているのは，ただ自動車の普通ではない動きだけである．“自動車が道路を蛇行して走っている”のは，実証可能な報告のデータであるが，“酔っ払い運転だ”というのはそれを見た時点での推論のデータであり，“事故を起こすぞ”というのは主観的な断定のデータである．

このように，見たことをありのままに的確に表して，他者に伝達することは非常に難しく，注意が必要である．

したがって，新QC七つ道具や品質機能展開などで扱う言語データは，報告の言語データで表す必要がある．なぜなら，事実をもとに情報を言語データとして収集して，的確に判断することが目的だからである．

しかし，言語データによるサービスの評価には限界がある．窓口応対業務に対して，お客様が要求することを整理した情報を一覧にしたものを表 5.3 に示す．

要求品質の“明るい笑顔で応対する”という表情の状態を言葉のみで理解しようとすると，各人がもっている笑顔についての主観的な判断基準に従って受け止めることになる．自分では満面の笑顔と思っている笑顔が，どのように他者から評価されているのかわかっている人は少ないと思われる．

“笑顔が足りない”と相手から批評されても，共通の尺度が言葉のみでは，笑顔の程度を表現できないために行き違いが生じて，言語だけでは十分な判別ができない．

また，詳しくは後述するが，品質展開表などの作成では，言語データの抽象レベル（言語データの抽象度合を階層構造に整理した

表 5.3　窓口応対業務の要求品質展開表の例

1次	2次	3次
“良い態度で”応対する．	“良い言葉遣いで”応対する．	“丁寧な言葉遣い”で話す．
		“やさしい言葉遣い”で話す．
		“はっきりとした言葉遣い”で話す．
	“親切に”応対する．	“フレンドリーに”応対する．
		“礼儀正しく”応対する．
		“公平に”応対する．
	“明るく”応対する．	“明るい挨拶で”応対する．
		“明るい身なりで”応対する．
		“明るい笑顔で”応対する．

水準）にも十分に注意して言語を扱わなければならない．

サービスの状態を言葉のみで話して伝える，言葉を文字で表して評価することは極めて難しいといえる．

5.1.3 イメージデータの収集

“明るい笑顔で応対する”という言葉だけの言語データで，お客様の要求をスタッフに，的確に伝えることは至難である．

しかし，我われ人間は，五感で感じ取り，“明るい笑顔で応対する”という事象（表情や動作）をイメージとして統合的に把握して認識することができる．ここでは，イメージデータの収集を解説する．

イメージデータは，事象（動作・状態・状況）の情報を非言語メディアやイメージメディアで表すものである．イメージデータを収集して，QC 工程表・故障解析・VM などを使ってサービスの評価や管理を行うのがよい．

非言語データは，人がその意思を言語によらないで表す情報メディアである．米国の心理学者マジョリー・F・ヴァーガスは“コミュニケーションにおいて，言葉によって伝えられるメッセージは全体の 35% であり，他の九つの非言語メディアである人体・動作・目・周辺言語・沈黙・身体接触・対人的空間・時間・色彩が補完している”と述べている．

これらの非言語メディアから発信される情報が非言語データとなる．衣服の好み・声のトーン・アイコンタクト・タイミング・場の空気・間の取り方・表情・情景・ライフスタイルなど，さまざまな情報・意味を表現して，伝達者の意思を発信する．

イメージデータは，これらの非言語データを画像・映像・録音・におい・味覚センサーなど，情報機器によってデータ化され，収集されたデータである．

図 5.1 のように，静止画を利用して笑顔のレベルを度数で指数化して笑顔度表（顔の表情を“笑顔度 1 から笑顔度 10”で指数化・スケール化して評価）を作成する．“明るい笑顔で”と言葉で表された言語データをイメージ化して，笑顔のレベルを相対的に計測することができる．

現実的に，笑顔には大きく個人差があるが，イメージによる指数化は，だれでも容易に自分や他人の笑顔に適用・比較することができることから，相対的に理解ができるので，笑顔度の認識・評価を容易に共有することができる．したがって，主観と客観との差がなくなると同時に，実証・反証ができるようになり，容易かつ的確に

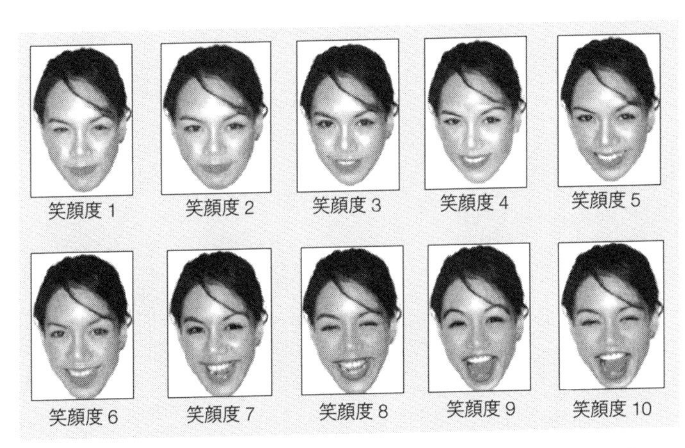

図 5.1　イメージデータ（笑顔度表）［©Noriharu Kaneko］

応対サービスの評価ができる．

イメージデータを収集・活用するは，撮影や録音，IT機器によるデータ処理，官能検査などの高い技術が要求されるが，一度に大量のイメージ情報を表現して伝達できるため，サービスを評価する基礎資料としては非常に役に立つものであり，数値データや言語データを補完することができる．

したがって，イメージデータは，サービスの評価である証明・判断・結論には必要不可欠なデータである．

これら3種類のデータは相互に関連があるので，組み合わせてサービスの評価をすることが大切である．

5.1.4　サービス評価に役立つデータの活用

収集した数値データ，言語データ，イメージデータをどのように活用して，サービスを評価するのがよいであろうか．

例えば，玩具の販売店において，スタッフのサービスが芳しくないという問題が発生したとする．

第一に，数値データを把握する．お客様の苦情件数やアンケート評価の満足度の数値データなどを収集し，事実を確認して，問題の程度などを判断する．

第二に，言語データを把握する．苦情やアンケート結果などから，期待する要求内容を把握する．また，来店から商品選び，会計，見送りまで，お客様の行動を観察し，期待する要求情報を言語データとし，全体を整理して把握する．要求品質展開表の例（表5.3参照）にあるように，言語データで店の応対サービスをしっかりと理解して，重要なサービス項目を抽出することが重要である．

第三に，イメージデータを把握する．お客様を応対するスタッフの笑顔がないという苦情があり，スタッフの様子を観察してみた．すると，なるほど無愛想な表情で応対していた．多くのスタッフはお客様の期待する笑顔がどのようなものかがわかっていなかったのである．

スタッフ全員で“明るい笑顔で応対する”ことを徹底して，サービス向上を行うことを年度目標としても，言葉だけで“明るい笑顔で応対する”では，どの程度の笑顔かがわからないため，単なるスローガンで終わってしまい，サービスの向上は名ばかりとなってしまう．

そこで，図 5.1 のようなイメージデータ（笑顔度表）を用いることで効果を上げることができる．

自店の接客方針として，笑顔度標準を制定して，笑顔度表を事務室に掲示する（図 5.2 参照）．幼児には“笑顔度 9”で，親御さんには“笑顔度 4”で応対することを表示する．また，幼児に向けた“笑顔度 9”のままで親御さんに応対するようなことは大変に失礼になるので“やってはならない”と表示して，スタッフの理解を求める．

客観的で具体的なイメージでの目標であるため，新人からベテランまで，スタッフ全員が理解して守ることのできる標準となる．この標準を基準にして，スタッフ各人がお客様に応対するときに自分の笑顔度をチェックして，現状レベルをイメージデータで収集する．期間を定めて不適正な笑顔度の実施件数を減少することで，

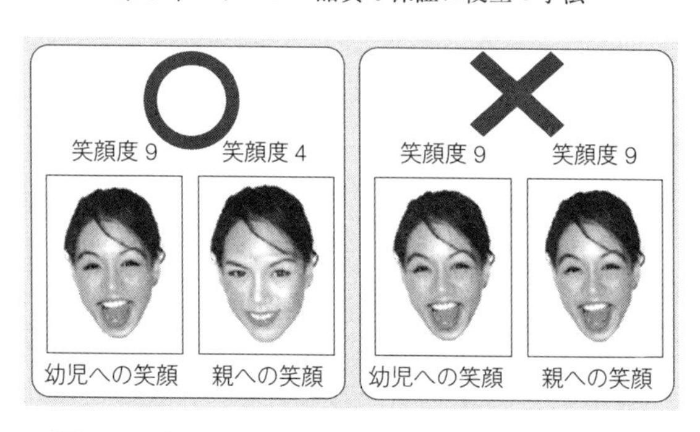

図 5.2　自店の笑顔度標準（玩具の販売店での例）

サービスレベルは向上できる．また，標準を守ることで笑顔のレベルの維持も簡単にできることになる．

このように，数値データと言語データとイメージデータの組合せでサービスの質を把握し，評価することができれば，サービス担当者に自店の“明るい笑顔で”の方針を正しく伝えられる．教育訓練を重ねることで，サービス提供のばらつきを管理し，サービス品質の保証を行うことができる．

導入にあたっては，まずは，数値データと言語データの収集を行い，新 QC 七つ道具や要求品質展開表などでお客様の求めている内容求項目の整理を行い，重要サービスの項目を割り出し，それらをイメージデータに変換して，具体的な評価や検証を行うことを推奨したい．

サービス品質の保証に役立つ手法として推奨されるものは，“サービス業務 QC 工程表”“品質機能展開”“VM”“サービスのばらつきと問題解決法”“サービス品質問題の再発防止と未然防止”などがある．次節以降では，ここにあげた五つの手法について解説する．

5.2 サービス業務 QC 工程表

一般に“QC 工程表”（QC 工程図または管理工程図）とは，“製造されたものが設計仕様に適合しているかを確認するために，工程の管理項目，管理方法などを見える化したもの”である．

サービス提供のプロセスにおいても，サービス提供が顧客のニーズや期待に基づいて決めた設計に適合しているかを確認するために，プロセスの管理項目，管理方法を明らかにした“サービス業務 QC 工程表”が必要である．

サービス工程表は，“プロセスの流れに従って，どの品質特性を，どこで，だれが，どのようなデータで管理するのかを，一目でわかるように図示したもの”であり，サービス商品ごとに準備するのがよい．

業務を行うためのプロセスには，それぞれに課せられた役割任務がある．プロセスの責任者を中心に，全員でその任務を担っているが，正しい仕事の結果になっているかどうかを決められたシステムとして管理する必要がある．サービス業務 QC 工程表は，このための重要な管理帳票といえる．

サービス業務 QC 工程表に盛り込まれるべき主な項目には，次のようなものがある．

① 業務を行うためのプロセス

③　管理項目

④　管理水準（VM，保証目標値）

⑤　管理帳票（VM，作業指示書，チェックシートなど）

⑥　検査データの採取や記録採取や記録担当者

⑦　不具合サービスの是正処置者

⑧　安全衛生健康や施設・設備の管理方法

⑨　管理状態の判定方法

⑩　異常時の処置に対するルール

⑪　異常時の管理責任者

⑫　関連管理資料類

サービス業務 QC 工程表の役割は，プロセスにおける管理項目および管理方法について“見える化”し，品質企画，研究開発，サービス設計，試作，サービス提供，検査，設備管理，保全体制などの開発ステップや必要な資源・設備を通じて，正しい管理を計画的に推進することにある．

サービス業務 QC 工程表の適用にあたっては，次の点に注意する必要がある（詳細は 5.3 節参照）．

・プロセス間の関連を明らかにする．

・プロセスの改善

・市場クレームの原因調査

・品質保証レベルの向上

・お客様の要求品質とそのレベルの設定

・目標仕様特性から各工程での管理項目の設定

また，サービス業務 QC 工程表の運用で重要なことは，各工程で関連する作業標準（作業要領書，作業手順書，VM など）を充実させて，現場での改善活動を積み重ねることである．

たとえば，検査工程では，検査実施上の注意事項や合否判定要領を明確に決めておかないと，生きたサービス業務 QC 工程表とはならない．合否判定要領は画像などのイメージ基準を設ける必要がある．

サービス業務 QC 工程表は，サービス提供準備段階以前に作成すべきものである．すなわち，サービス業務 QC 工程表は，設計から実際のサービス提供移行への重要な品質保証上の業務であり，サービス提供の現場部門への引継書としての役割をもつものである．

現場では，サービス業務 QC 工程表を現場における品質保証活動の原点と受け止め，サービス提供活動の進捗に応じて，最良な管理資料として，常に改善を行っていく必要がある．

サービス業務 QC 工程表は，最初からすべての管理項目に対して完璧に行おうとすると負担が大きくなり，実践が難しくなる．最初にサービス業務プロセスの流れとしてサービス工程表を準備することから始めるとよい．

4.4 節では，ファミリーレストランの例で説明したが，ここではさらに，複雑なホテルフロント業務における QC 工程表の例を示して説明する．

シティホテルフロント業務について，表 5.4 の工程表の流れに沿って，管理項目・管理水準・管理方法などの全体像を明らかにしたものが，表 5.5 に示すサービス業務 QC 工程表である．

管理項目・管理水準・管理方法などに抜けや漏れがあってもよい

ので，現行の業務プロセスをスケッチして，とりあえず表にまとめてみることから始めるとよい．まずは全体を俯瞰できるサービス業務 QC 工程表を自職場で作成して，仔細な管理のルールや記録類については，逐次充実させていくことを考えるとよい．

ファミリーレストランの例では，管理対象が調理係と給仕係と店長の三者に限定していた（図 4.3，58 ページ参照）が，シティホテルではフロント係，宿泊係，飲食宴会係，設備・施設・安全係，総務・経理係と多部門に渡っている．

したがって，管理項目・管理水準・管理方法などが複雑で多岐に及ぶこととなり，品質保証に必要な管理はフロント業務 QC 工程表

表 5.4　シティホテル フロント業務工程表の例

	サービス工程表 (業務プロセスの流れ)
1	チェックイン・準備を確認する．
2	前シフトから引き継ぎを受ける．
3	待機・チェックインを受け付ける．
4	宿泊料金を受け取り，キーを渡す．
5	部屋・食事・館内を案内する．
6	貴重品・荷物を預かる．
7	電話で応対する．
8	ルームチェンジに対応する．
9	クレーム・事故に対応する．
10	忘れ物の受付・対応をする．
11	防犯業務を分担する．
12	災害時にお客様を誘導する．
13	チェックアウト・清算を受け付ける．
14	お客様を見送る．

表 5.5　シティホテル フロント業務 QC 工程表の例

	サービス工程表 (業務プロセスの流れ)	管理項目 (何を)	管理水準 (どのくらい)	管理方法			
				管理帳票	検　査	是　正 処置者	異　常 管理者
1	チェックイン・準備を確認する．	客室鍵・レジ締め・予約・備品	VM	業務日報	係本人	係・課長	フロント課長
2	前シフトから引き継ぎを受ける．	迷惑行為・伝言・遺失物・異常	伝言・記録・VM	〃	〃	〃	〃
3	待機・チェックインを受け付ける．	立ち方・宿泊情報確認・予約	宿泊票・VM	〃	〃	〃	〃
4	宿泊料金を受け取り，キーを渡す．	笑顔・迅速・現金・クレジットカード・前受金・クーポン	2 分間・VM	〃	〃	〃	〃
5	部屋・食事・館内を案内する．	正確・丁寧・親切・迅速	VM	〃	〃	〃	〃
6	貴重品・荷物を預かる．	貴重品袋・荷物札発行	サイン・VM	〃	〃	〃	〃
7	電話で応対する．	個人情報守秘・記録メモ	伝言記録	伝言記録票控	フロント課長	〃	〃
8	ルームチェンジに対応する．	宿泊機能不完全確認・連絡	部屋移動記録	部屋移動記録帳	フロント課長	〃	〃
9	クレーム・事故に対応する．	誠意応対・冷静・謙虚・丁寧	苦情記録 事故記録	苦情報告書 事故報告書	フロント課長	〃	〃
10	忘れ物の受付・対応をする．	正確・丁寧・親切・迅速	遺失物記録	遺失物報告書	フロント課長	〃	〃
11	防犯業務を分担する．	不良迷惑・不道徳行為・監視	VM	業務日報	係本人	〃	〃
12	災害時にお客様を誘導する．	安全・迅速・沈着・親切	VM	安全管理報告書	フロント課長	〃	〃
13	チェックアウト・清算を受け付ける．	迅速・挨拶・未払金有無確認	VM	業務日報	係本人	〃	〃
14	お客様を見送る．	笑顔でお礼・丁寧	VM	〃	〃	〃	〃

を作成しないと全体がつかめない．VM，管理帳票も増え，検査，是正処置者，異常管理者なども仔細な取決めが必要となる．

また，すべての管理項目を一度に高いレベルに上げることをねらわずに，重要な顧客が最も重要視する管理項目から，重点的に管理水準を向上させていくことを推奨する．

たとえば，この例でいうと，14の管理項目のうち，まずは重点実施項目としてチェックイン工程の項目から取り組み，保証体制を確立していくということになる．

5.3　品質機能展開

“品質機能展開”（Quality Function Deployment：QFD，以下，“QFD”という）とは，“品質の展開”（Quality Deployment：QD）と“業務機能の展開”（Job Function Deployment：JFD）の総称である．

統計的なQC手法は，数値データを収集して解析するのに用いられるが，QFDは，顧客の要求する品質を言葉で把握して，言語データとして処理するのに役立つ．

QFDでは，顧客の要求する品質とその期待値レベルをもとに展開を行い，各工程での管理項目設定までの関連を明確にする．

“品質の展開”では，顧客の要求するサービス商品やサービス品質を明らかにして，生産・提供面の留意点などを明確にする．

また，“業務機能の展開”では，企画・設計・購買・生産・販売・アフターサービスなどの各業務機能（職能）別に品質を確保する“業務プロセスの構造”を明確にする．業務を行うプロセスの流れであるサービス工程表が基本となる．

すなわち，ものやサービスに要求される品質を明らかにして，それを実現するための業務の仕組みを構築していく考え方がQFDである．

図5.3は，“より良いラーメン店の実現”をテーマに，QFDの全体像を示したものである．ラーメン店に要求される品質を明らかにして，品質要素とその期待値を明確にする品質展開表を上段に，その品質の期待値を実現するための業務の仕組みを構築する業務機能展開表を下段に示し，QFDの全体を示している．

同図の品質展開表に示された要求品質の期待値が星印（☆）で表されているのは，期待サービスのレベルを数値で表すことができない品質要素である．このため，競合するラーメン店や飲食店などと比較して，3段階のスケールで目標レベルを表示している．

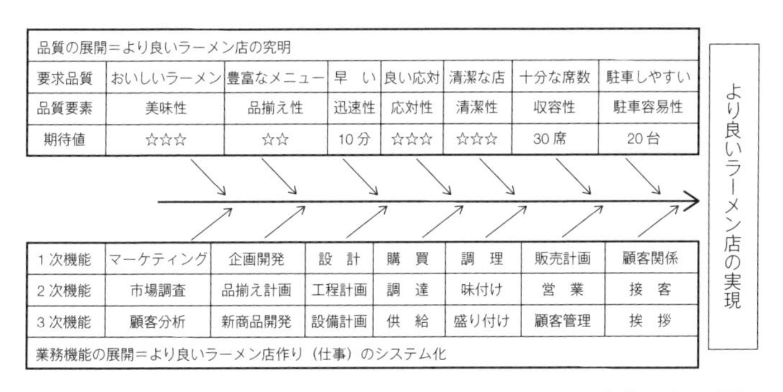

図5.3　QFDの全体像“より良いラーメン店の実現”［出典25)］

5.3.1　品質の展開

品質の展開（品質展開）は，“ユーザの要求を代用特性（品質特性）に変換し，完成品の設計品質を定め，これを各種機能部品の品質，さらに個々の部品の品質や工程の要素に至るまで，これらの間の関連を系統的に展開していくこと”と定義されている［赤尾洋二(1990)：品質展開入門，日科技連出版社］.

サービス業に置き換えてみると，“お客様の要求をサービスの品質特性に変換し，それぞれのサービスの品質特性の目標水準を定め，これを各サービス機能や工程の人的・物的・時間的要素に至るまで，これらの間の関連を系統的に展開していくこと”と考えられる.

品質展開を行うことによって，次の利点が生まれる.

① ユーザーの要求する品質を明確にできる.

② 品質を評価するための品質要素や品質特性を明確にできる.

③ 市場の要求レベル（ユーザーの期待値）や競合店との比較ができる.

④ 現状と目標を重点的に把握して，品質の企画と設計が論理的に設定できる.

品質展開を行うための二元表は一般に“品質表”と呼ばれる.ラーメン店の品質表を表5.6に示す.

ユーザーの要求としては，“ラーメンがおいしい”“多種類の料理が選べる”“丁度よい量の料理が出る”“豊富なメニューがある”“待つことなく料理が出る”“きれいな店内である”“清潔な食器で

表 5.6 ラーメン店の品質表の例［出典 25)］

品質要素展開表 二次 ／ 要求品質展開表 二次	品揃え性	適量性	メニュー選択性	配膳迅速性	応対マナー性	美装性	清潔性	収容余裕性	デリバリ性	美味性	品質企画 比較分析 市場重要度	自店	他店 激安ラーメン	他店 「○○」ラーメン	企画 企画品質	企画 レベルアップ率	企画 セールスポイント	ウェイト 絶対ウェイト	ウェイト 要求品質ウェイト
ラーメンがおいしい．	○		○							◎	5	4	2	5	5	1.3	○	7.5	8.8
多種類の料理が選べる．	◎		○								4	2	4	2	2	1.0		4.0	4.7
丁度よい量の料理が出る．		◎									4	4	3	3	4	1.0		4.0	4.7
豊富なメニューがある．	◎		○							○	4	2	4	2	2	1.0		4.0	4.7
待つことなく料理が出る．				◎	○					○	5	2	4	3	5	2.5	◎	18.8	22.1
好ましい応対態度である．				○	◎						5	3	3	2	5	1.7		8.3	9.8
きれいな店内である．						◎	◎				4	4	4	3	5	1.3	○	6.0	7.1
清潔な食器である．							◎				5	4	4	3	5	1.3		6.3	7.4
調理キッチンが清潔である．							◎				4	4	4	3	4	1.0		4.0	4.7
十分な席数がある．					○			◎			3	3	4	2	3	1.0		3.0	3.5
十分な駐車スペースがある．								◎			3	3	5	1	3	1.0		3.0	3.5
トイレがきれいである．						○	◎				4	2	5	3	5	2.5	○	12.0	14.1
出前が早い．				◎					◎	○	4	4	1	1	4	1.0		4.0	4.7
品質要素重要度	55	20	39	60	49	32	85	30	20	64					絶対ウェイトの合計			84.9	%
品質要素ウェイト	74	24	55	164	126	78	167	35	24	139									
比較分析 自店																			
比較分析 他店																			
比較分析 他店																			
設計品質																			

対応関係
◎：5 強い対応あり
○：3 対応あり
△：1 対応が予想される
セールス・ポイント
◎：1.5 ○：1.2 無印：1.0

ある”“トイレがきれいである”“出前が早い”などがあげられる．

これらの要求品質を把握して階層的に表現したものが“要求品質展開表”である．同表の縦方向に示されているものがこれにあたる(展開表の一次レベルを省略してある)．

次に市場における（顧客が感じている）各要求品質の重要度を求めるとともに，他店の品質レベルと比較分析を行い，これらに基づいて企画品質（ねらいとする品質レベル）とセールスポイントを決める．また，それぞれの要求品質についての重み付けであるウェイトを求める．同表の右側の“品質企画”がこれにあたる．

一方，各々の要求品質から美味性，品揃え性，適量性，メニュー選択性，配膳迅速性，応対マナー性，清潔性などの品質要素を抽出して品質要素展開表を作成する．同表の横方向に示されているものがこれにあたる（展開表の一次レベルを省略している)．

そのうえで，要求品質展開表と品質要素展開表との対応関係を“◎○△”で評価する．

最後に，要求品質のウェイトと先の対応関係から，それぞれの品質要素についてのウェイトを求める．なお，どのようにして数値を求めるのかなど，品質表の作成方法については，紙幅に限りがあるので，ここでは詳しく述べない．QFDの類書を参照されたい．

この品質表を見ると，“ラーメンがおいしい”という要求品質は美味性という品質要素と関連が深いことがわかる．また，“多種類の料理が選べる”という要求品質は，品揃え性という品質要素と関係が深いこともわかる．同様に，“丁度よい量の料理が出る”は適量性，“豊富なメニューがある”はメニュー選択性が品質要素であり，“待つことなく料理が出る”は配膳迅速性，“きれいな店内である”“調理キッチンが清潔である”“トイレがきれいである”などは清潔性，美装性が品質要素となる．

ここで重要なことは，要求品質と品質要素とを対応付けて品質を評価できるようにすることである．“品質要素”は，品質評価の対象となる性質・性能である．品質要素の中で，評価方法が決まっていて，計測可能な性質・性能のことを“品質特性”という．

サービス品質は，定量化や数値化がしにくいという特徴がある．このため，日常の中で我われは，品質が曖昧なままサービスを受けて，結果として曖昧なままに良し悪しを評価している．したがって，サービスを購入する前の事前の期待レベルが曖昧であり，サービスを購入した後の事後の評価レベルも曖昧なままで済ませているというのが実情である．

ところが，QFDの考え方である品質要素を抽出すると美味性，配膳迅速性，清潔性などが得られる．これによって，お客様の要求を確実に把握し，品質特性に変換して，ラーメン店全体の設計品質を定めることが可能になる．

さらに，麺の成分の特定，麺のゆで方の決定，出汁の取り方，麺つゆの素材，食材の保管方法，盛り付けの方法，飲み物の出し方，声かけの方法など，個々の料理の品質や調理工程の設備・ホールでの応対マナーに至るまで，これらの間の関連を系統的に展開し，具体化していく．

この品質表を使用して，ねらいの顧客群の要求品質を整理・展開し，市場の嗜好変化を把握した後，自社の既存品および競合店を比較分析し，セールスポイントを決めて，品質企画を立案する．そして，品質企画に基づいて品質要素の展開を行い，最重要の設計品質を明らかにして，業務実施部門に品質期待値を伝達する．この流れは，サービス品質向上に必要なサービス提供プロセスの設計そのものである．

表5.6からは，次のような品質企画の意図が読み取れる．ラーメン店に対する市場が重要と感じる要求品質は，市場重要度が“5”で示されている“ラーメンがおいしい”“待つことなく料理が出る”“好ましい応対態度である”“清潔な食器である”の4項目である．

自店のそれぞれの品質評価レベルは，“4，2，3，4”であり，企画品質としてはこの全部の項目で“5”へのレベルアップを考えている．そのほかに，“きれいな店内である”“トイレがきれいである”という要求品質も“5”のレベルを意図している．そのうえで，セールスポイントとして“待つことなく料理が出る”を第一に，“ラーメンがおいしい”“きれいな店内である”“トイレがきれいである”などを考えている．

同表の要求品質ウェイトを見ると，特に力を入れたい重要な要求品質は“待つことなく料理が出る”の要求品質ウェイトが22.1（%）で最も高く，“トイレがきれいである”が14.1（%）で2番目に高いことがわかる．

一方，品質要素ウェイトを見ると，清潔性が167ポイント，配膳迅速性が164ポイントで，最も重要な品質要素であることがわかる．

以上のことから，自店の現状レベルと他店との比較分析により，

“迅速で清潔なラーメン店を目指したい” という品質企画が強く意図されていることが読み取れる．

設計品質については，“待ち時間を最長7分間で配膳する” と決め，店内やトイレがどのように清潔であるかというレベルを，清掃頻度と清掃目標写真などを使用して決める．

このように，ユーザーの要求から発して，重要品質要素を明確にして，目標である期待値を明らかにするプロセスが品質展開によって目に見えるようになる．品質表によって可視化され，一覧することができる．サービスの提供プロセスや品質が数値化されて特定できるようになる．現状と目標が品質展開によって明確になり，サービス品質の向上を論理的に行うことが可能になる．これらが “品質展開の有効性” である．

5.3.2　業務機能の展開

業務機能の展開（業務機能展開）は，“品質を形成する職能ないし業務を目的・手段の系列で，ステップ別に細部に展開していくこと” と定義されている［赤尾洋二（1990）：品質展開入門，日科技連出版社］．

“品質を形成する職能” とは，企画・設計・購買・生産・アフターサービスなどの各業務機能（職能）のことである．これらの職能ごとにその業務の目的・手段を系列化し，ステップ別に細部に展開して具体化することで，品質を確保する “業務機能の仕組み” を明確にすることができる．

ラーメン店を例に業務機能展開を考えてみる．サービス商品の品質を形成する職能は，店舗企画・店舗設計・設備・仕入・調理・配膳・接客応対・会計などである．

これらの職能ごとにその業務の目的・手段を系列化し，ステップ別に細部に展開して具体化し，ラーメン店の品質を確保する“業務機能の仕組み”を明確にする．

この例のように，人が提供するサービスにおいては，業務機能とサービス商品の機能とが同一，または重複するものが多い．特に，日常業務においてはオーバーラップする．したがって，前節で述べた業務プロセスの流れであるサービス工程表がそのまま“業務機能展開表”の基礎となる．

ラーメン店の日常業務は“料理を調理する，料理を提供する”ことが主なサービス工程であり，これがそのまま業務機能となる．

ラーメン店の業務機能展開を表5.7に示す．この表を見ると，“開店の準備をする”から“一日の営業を終える（翌日の準備をする）”まで，七つの一次業務機能があり，36の二次業務機能がある．さらに具体的に行動できるレベルの三次業務機能は，より多くの項目になるものと考えられる．

先ほどの表5.6（99ページ）から，“待つことなく料理が出る”という要求品質に対する設計品質を，仮に，最長7分間と設定する．この期待値を実現するためには，調理するのに5分間，料理を提供するのに2分間で行わなければならないことになる．このように，設計品質から，二次業務機能である“麺の茹で方，具の乗せ方，スープの注ぎ方，ラーメンや料理の運び方，確認の取り方”などが決められ，さらに，より具体的な三次業務機能として，詳細に

表 5.7　ラーメン店の業務機能展開（一次 / 二次）の例

一次業務機能	二次業務機能
開店の準備をする．	材料の下ごしらえをする．
	注文を受ける準備をする．
	店内の清掃チェックをする．
	店内設備を準備する．
	看板を表に出す．
	店内備品をチェックする．
注文を受ける．	“いらっしゃいませ”と声をかける．
	席に案内する．
	水・おしぼりを出す．
	今日のおすすめ品を紹介する．
	“ご注文はお決まりでしょうか”と注文を聞く．
	長時間かかるものは注文時に説明する．
料理を調理する．	注文を確認する．
	麺をゆでる．
	器を並べる．
	スープを注ぐ．
	麺を器に移す．
	具を乗せる．
料理を配膳する．	注文内容とテーブル番号をチェックする．
	“お待ちどうさま”と声をかける．
	ラーメンを配膳する．
	注文に間違いはないか確認する．
料理を下膳する．	食器を下げてよいか，声をかける．
	食器を下げる．
	テーブルをきれいにする．
	食器を洗う．
	食器を乾燥させる．
代金を受け取る．	“ありがとうございます”と声をかける．
	金額を確認する．
	代金を受け取る．
	またの来店をお願いする．
一日の営業を終える．	材料を片付ける．
	店内を清掃する．
	調理台を清掃する．
	厨房を清掃する．
	戸締まりをする．

業務内容が決められることになる．

業務機能展開では，このように，一次から二次，二次から三次へと抽象レベルが具体化される階層構造に整理することを“展開”と呼んでいる．

この展開は重要である．一次業務機能はおおまかに業務全体を俯瞰し，どのような業務があるのかを二次業務機能で詳しく示し，具体的に行動できるレベルの三次業務機能に系統立てていくことができる．

たとえば，一次業務機能の1番目の項目である“開店の準備をする”だけでは，何をすればいいのかがわからない．その項目の下位の二次業務機能を見ると，“材料の下ごしらえをする”“注文を受ける準備をする”…と記述されているので，何をすればいいのかがわかる．

しかし，どのように行動するかがわからないので，さらに下位の三次業務機能を見ると，“野菜の前処理をする，具・サイドメニューを用意する，湯を沸かす，スープを温める，調理器具をスタンバイする”…のように，具体的に示されている（表5.8参照）．

紙幅の都合で，三次業務機能まで表した業務機能展開表全体の紹介は割愛するが，ラーメン店の業務全体から実際に仕事として行動するレベルまでサービス工程が明示されている．

業務プロセスの全体と部分の内容が系統的に展開されて，具体的に何をどのように行動するかをA4判の用紙1枚で表すことで，抜け漏れのない業務をスタッフ全員が理解して行うことができるようになる．

このように，業務機能展開表をきちんと作成しておくと，サービス提供に不具合が出た場合や新店舗の開業時などに迅速な対応ができることが大きな利点となる．

お客様が苦情を言う場合，抽象的（一次/二次項目）なことが多い．言われても一次/二次項目では，具体的に行動できるレベルではないので，対策が立てられないが，展開表があれば，対象となっている一次/二次項目から三次項目を特定することが的確にかつ迅速にできるからである．

たとえば“店が清潔でない”とクレームがあったとすると，対応

表 5.8 ラーメン店の業務機能展開表（一次/二次/三次）の例

一次業務機能	二次業務機能	三次業務機能
開店の準備をする．	材料の下ごしらえをする．	野菜の前処理をする．
		具・サイドメニューを用意する．
	注文を受ける準備をする．	湯を沸かす．
		スープを温める．
		調理器具をスタンバイする．
	店内の清掃チェックをする．	厨房内の清潔度をチェックする．
		トイレ・洗面所をチェックする．
		テーブル・椅子をきれいに拭く．
	店内設備を準備する．	エアコンを調整する．
		照明をチェックする．
	看板を表に出す．	立て看板を表に出す．
		LED サインをつける．
	店内備品をチェックする．	メニューを並べる．
		調味料・箸などを補充する．
		テーブル・椅子を整頓する．
注文を受ける．	“いらっしゃいませ”と声をかける．	アイコンタクトして迎える．
		笑顔ではっきりと声をかける．

する項目は二次の“店内の清掃チェックをする”業務に不良が発生したことがわかる．厨房内とトイレはしっかりできていたとすれば，テーブルかイスが汚れていたことがわかる．当日担当したのはだれなのかを調べて，作業方法や仕上がり確認方法を本人に再確認して改善することになる．

こうすることで，現場でのサービス品質の保証活動ができるのである．

 5.4 VM（ビジュアルマニュアル）

4.5節で，VM制作のねらいについて説明した．ここではVM制作の手順及びその活用と事例について説明する．

5.4.1　VM制作の手順

VMの制作は，サービス業務の作業標準を映像化することから，その手順はさながら，映画や動画コンテンツの制作とよく似ている．

しかし，制作前の段取りが品質保証体系に忠実でないと，ねらいどおりに内容を充実することができず，役立たないものとなる．わかりやすいVMを制作するには，以下の手順を参考にするとよい．

VMは，パーソナルコンピュータ（パソコン）とデジタルカメラ（デジカメ），プレゼンテーション編集ソフト，音声編集ソフトを使用して作成して，視聴にはプロジェクターなどを使用してもらう．

これらの機器とソフトウェアは一般に入手しやすく，専門的な知識や難しい操作も少ないので，VM 制作の初心者にはお勧めである．これらを使用する前提で次に手順を解説する．

手順 1　VM のテーマを決めて，サービス業務 QC 工程表を作成する．

手順 2　あらすじ表を書いて，シーンと管理目標を絵コンテに変換する．

手順 3　シーン内容とナレーションの下書きファイルを作成する．

手順 4　出演者と撮影現場とカメラマンを決める．

手順 5　シーンごとに静止画や動画をデジカメで撮影する．

手順 6　撮影したイメージデータをパソコンに取り込む．

手順 7　パソコン上で画像・映像・音声などを編集し，VM を完成する．

手順 1　VM のテーマを決めて，サービス業務 QC 工程表を作成する．

新人に必ず守ってほしい行動・作業を中心に制作する VM テーマを選んで，サービス業務 QC 工程表を作成する．

ここでは，“レストラン給仕業務サービス”が VM のテーマとなる．VM のタイトルは仮に“給仕サービスの方法”とする．

サービス業務 QC 工程表は，初めから完璧なものを作成するのを目指すのではなく，おおまかにサービス工程を記入して，管理項目・管理水準・管理方法を現場のベテランスタッフに協力してもらって決めていく（表 5.9 参照）．

表 5.9　レストラン給仕業務サービス業務 QC 工程表の例

	サービス工程表 (業務プロセスの流れ)	管理項目 (何を)	管理水準 (どのくらい)	管理方法 (どのように)
1	予約客を確認して席を確保する．	予約人数・時間・希望席	ミス0件	予約台帳
2	来店客を良い挨拶で歓迎する．	笑顔・歓迎挨拶	笑顔挨拶・VM	業務日報記録
3	テーブルへ案内する．	笑顔・口調・態度	VM	〃
4	お冷とおしぼりを出す．	迅速・冷水温度・おしぼり鮮度	2分以内・VM	〃
5	オーダーを取る．	正確・丁寧・親切・迅速	VM	〃
6	注文料理・飲料を提供する．	正確・丁寧・親切・迅速・順番	ミス0件・VM	〃
7	追加オーダーの有無を確認する．	正確・丁寧・親切・迅速	〃	〃
8	請求書を提示する．	正確・丁寧・迅速	VM	〃
9	器を下げる．	清潔・丁寧・親切・迅速	〃	〃
10	会計をする．	迅速・挨拶・金銭正確・確認	〃	〃
11	お客様を見送る．	笑顔でお礼・丁寧	〃	〃
12	次客にテーブルセットを準備する．	正確・丁寧・迅速	〃	〃

手順2　あらすじ表を書いて，シーンと管理目標を絵コンテに変換する．

プレゼンテーション編集ソフトはスライドショー形式が多いので，スライドごとにあらすじを決める（表5.10参照）．

最初に，スライドNo.の順にサービス工程表の業務プロセスの流れをあらすじの欄に記入する．

あらすじ表がおおよそ作成できたら，“やるべきこととやってはいけないこと”を“重要要求品質と管理項目（管理目標）”に明確に示す（表5.11参照）．

この例では，スライドNo.1の“来店客を良い挨拶で歓迎する”というシーンについて，“笑顔で挨拶する”という重要要求品質を

表 5.10 レストラン給仕業務 VM あらすじ表の例

スライドNo.	あらすじ サービス工程表 （業務プロセスの流れ）	シーン （スライドの内容） （静止画・動画など）	やるべきこと （要求品質・管理項目） （どのくらい・管理水準）	やってはいけないこと （不具合・失敗） （過去のクレーム）
1	来店客を良い挨拶で歓迎する．	お客様2人を係が出迎える．	笑顔で挨拶	待たせる，アイコンタクトなし
2	テーブルへ案内する．	希望の席を指定された．	希望の席へ案内	別の席に案内，怒られた
3	お冷とおしぼりを出す．	係がお冷とおしぼりを出す．	丁寧，清潔に出す	乱暴に出す，不潔なグラス
4	オーダーを取る．	係がメニューを説明する．	親切，丁寧に説明	不親切，雑な説明不足
5	オーダーを取る．	係が注文を確認する．	注文を間違えない．	復唱しない，間違える
6				

表 5.11 重要要求品質と管理項目（管理目標）一覧表の例

スライド No.1：来店客をよい挨拶で歓迎する．		
	重要要求品質	管理項目（管理目標）
1	笑顔で挨拶する．	笑顔度 5
2	相手の目を見て挨拶する．	正面からアイコンタクトする．
3		

保証するための管理項目を“笑顔度 5”として，これを管理目標に決めて管理することを示している．また“相手の目を見て挨拶する，正面からアイコンタクトする”ことも管理目標とされている．

“やるべきこと”と“やってはいけないこと”が明確になったら，プレゼンテーション編集ソフトを起動して，新しいスライドページを開き，絵コンテファイル（図 5.4，112 ページ参照）に変換する．

各スライドのあらすじ表の内容を考えて，静止画・動画などを用いて，どのようにイメージ化すると視聴者にスライドの内容が伝達できるシーンとなるかを決める．ここでは，レストランの入り口で，係が二人のお客様を迎えるというシーンを想定した．出演者（係とお客様）や撮影スタッフをどうするかも決める．

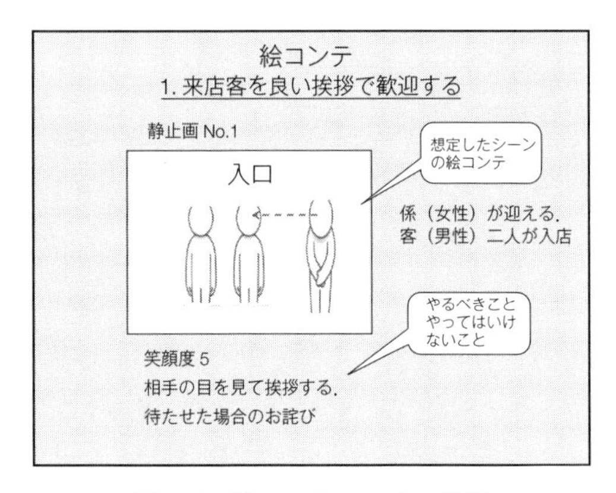

図 5.4　絵コンテファイルの例

手順 3　シーン内容とナレーションの下書きファイルを作成する．

プレゼンテーション編集ソフトで新しいファイルを開き，あらすじ表に基づいて，スライドごとに，シーン内容・構成とナレーションの下書き原稿を書く．後で修正することが予測されるが，とりあえず，すべてのスライドに，シーン内容・構成とナレーションの下書きを記入する（図 5.5 参照）．

シーンの構成や内容は“シーンの情景，静止画・動画の区別，撮影場所，出演者，吹き出し，やるべきこととやってはいけないこ

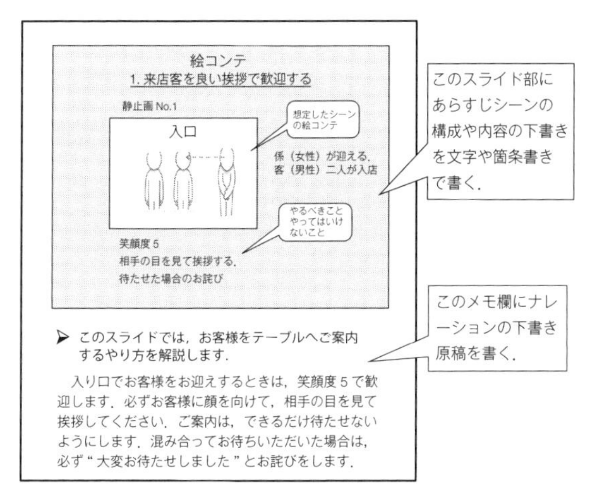

図 5.5　シーン内容とナレーションの下書きファイルの例

と"などを文字や箇条書き，絵コンテなどで書いていく．撮影時のシナリオとしての意味もあり，VM のコンテンツの良し悪しがここで決まるので，しっかりと準備することが望まれる.

ナレーションの下書き原稿は，簡潔な話し言葉で，視聴者が迷わないように，スライドに添付されているメモ欄（ノートなど）に記入する.

この最終原稿を読み上げて，音声編集ソフトでパソコンを使って録音して，ナレーションを作成する.

手順 4　出演者と撮影現場とカメラマンを決める.

あらすじ表とシーン内容とナレーションの下書きファイルが準備できたら，関係者が集め，シーン内容に沿った出演者と撮影現場を決める．

撮影現場がお客様の建物内であることや，撮影許可が必要なことなどが考えられるので，日時の選定とともに，十分な準備が望まれる．

カメラマンは，プロである必要はないが，殊に動画を撮影する必要がある場合には，機材の取扱いや撮影に慣れている人にお願いするなどの工夫が必要となる．

手順5 シーンごとに静止画像や動画をデジカメで撮影する．

サービスを提供する現場で，実際の業務をデジカメで撮影する．このとき，下書きファイルに従って撮影したり，シーンごとに管理項目の内容が写真の中で表現されているかを確認しながら撮影したりするのがコツである（図5.6参照）．

図5.6 シーンの撮影風景

手順 6　撮影したイメージデータをパソコンに取り込む．

すべてのシーン写真をデジカメで撮影したら，それらの画像を，図 5.7 のように，パソコンに取り込んで編集する．なお，パソコンに画像を取り込む方法はさまざまあるので，デジカメの取扱説明書を熟読して，最適な方法を学ぶ必要がある．

図 5.7　シーンの画像ファイル一覧の例

手順 7　プレゼンテーション編集ソフト上で画像・映像・ナレーションなどのファイルを編集し，VM を完成する．

先頭のページにテーマ（作成の目的）や作成者，作成日，所属などの必要事項を記入して，スライドの作成・編集を開始する．（図 5.8 参照）

スライドの枚数は，サービス工程表の工程数に従って決める．ここでは，表紙と 12 工程であるので，スライド枚数はおよそ 20 枚程度となる．

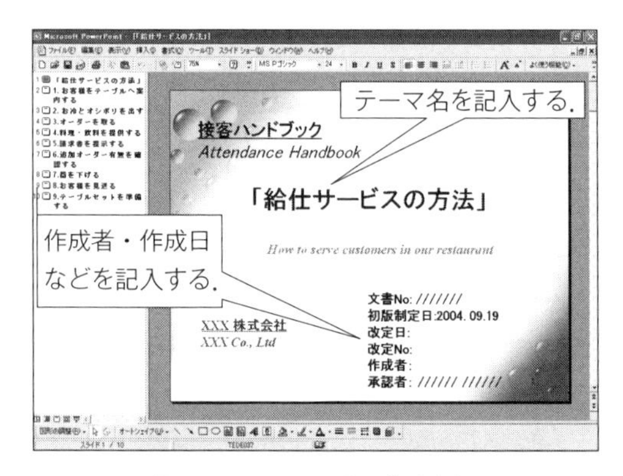

図 5.8　スライドの作成例 1

たとえば“1. お客様をテーブルへ案内する”では，2枚のシーン（写真）で表現して，重要なサービス機能とそのサービスレベルを説明する（図 5.9 参照）．特に“やるべきこと”と“やってはいけないこと”（リスク予防）については，矢線や赤字を使用して確実に

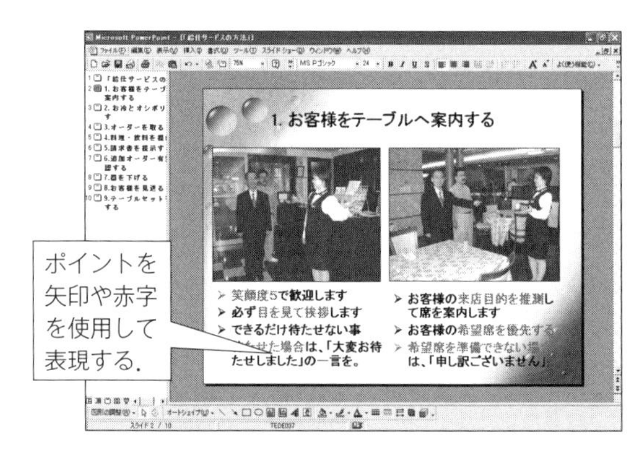

図 5.9　スライドの作成例 2

守り，作業を行うように指導する．

それぞれのスライドの編集の要領は次の①～⑨を参考にされたい．

①　お客様をテーブルへ案内する．

図 5.10　シーン 1

図 5.11　シーン 2

② お水とおしぼりを出す．

図 5.12　シーン 3

図 5.13　シーン 4

③　オーダーを取る．

図 5.14　シーン 5

図 5.15　シーン 6

図 5.16　シーン 7

以降のシーンも同様の手順で準備する．ただし，図 5.10 から図 5.16 に示した吹き出しの内容はこの手順を説明するためのものなので，実際には記入する必要はない．

また，シーンの枚数は思い付くままに入れてある．実際には下書きファイル作成時において，管理項目の数と業務リスク（予測されるクレームや失敗作業）の対策にどのくらいの写真が必要となるのかを勘案して決める．

④　オーダー順に料理・飲料を提供する．　シーン 8, 9
⑤　請求書を提示する．　シーン 10, 11
⑥　追加オーダーの有無を確認する．　シーン 12, 13
⑦　器を下げる．　シーン 14, 15, 16
⑧　お客様を見送る．　シーン 17, 18
⑨　テーブルセットを準備する．　シーン 19, 20

これらのスライドをファイル上で，“アニメーションの設定”のメニューを選んで編集する．画像・ナレーションなどのファイルをリンクさせて編集し，VM を完成させる．

（撮影協力　サーラシティ浜松 2F 株式会社プラザ 浜松四川飯店 駅南店）

5.4.2　VM 制作の留意点

(1)　VM 制作のポイント

VM を効果的に作成するには，次のことを意識することが重要である．

① 社内のベスト作業方法を見つけ出して，熟練者の技を公開する．

② 新人の目線でわかりやすく，何度も見たくなるような楽しい内容にする．

③ 最初に作業の全体像をイメージでしっかり表現する．

④ 次に重要な部分に焦点を当て，やるべきことの目的とやってはいけない理由をできるだけ明示する．

⑤ 画像の撮影は現場のリーダーやスタッフに協力を依頼し，一緒に楽しんで作成する．

⑥ スライドの枚数は，一つの VM で 15 枚から 20 枚程度が適当である．スライドは 1 枚が約 1 分間とし，受講者の集中力が持続する目安の 15 分間程度に納まるようにするのが望ましい．

(2) VM制作チームのつくり方

対象の業務や事柄に精通している人とVM制作に情熱をもっている人が中心となって，パソコン，ソフトウェア，デジカメ，IT機器に詳しい人を社内から募集する．

チームの陣容は，事業規模にもよるが，スタート時点では数人から10人前後で始めていくとよい．

また，多くの人手とそれなりの予算が必要となるので，経営トップの強固な支援も欠かせない．

(3) ツールの使い分け

最も効果的な表現として動画を多用したくなるが，すべての場面に動画を使えばよいというものではない．VM制作の目的にあった内容をイメージで瞬時に理解できることが第一の手段である．動画が多いとかえって時間がかかることも多く，先の例でいうと，笑顔度などでは，静止画のほうが標準として汎用性があり，相対的イメージがつかみやすい．

また，職場ハラスメントの禁止を解説するのに，動画はリアル過ぎるし，社内の人に演技をしてもらって動画を撮影するのは困難でもある．静止画で解説するのが穏当であり，十分理解できる（図5.17参照）．

また，床清掃の作業手順のように，一連の作業全体の動きのあり方を説明するときは，図5.18のように，イラストによる配
置レイアウトと矢線によって作業手順が順次表示されるアニメーションのほうが，より伝達力がある．

ツールを使い分け，それぞれの長所を生かしたい．

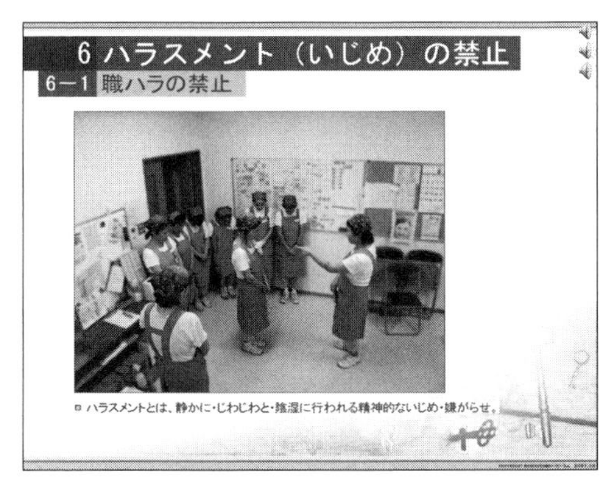

図 5.17　静止画が勝る VM の例［出典 25)］

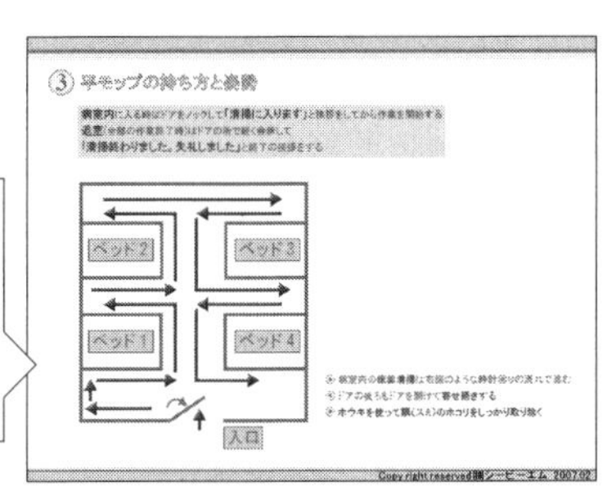

図 5.18　イラスト＋アニメーションが勝る VM の例［出典 25)］

(4) 計画的な取組み

最初は小さなテーマを取り上げて VM を作成し，その効果を社内の関係者に見てもらい，徐々に大きな難しいテーマに取り組んでいきたい．

制作の習熟も必要であるが，長期的な展望をもって重点志向で取り組むことが大切である．

(5) VM 制作ソフトウェア

特にプレゼンテーション編集ソフトにこだわる必要はない．制作に習熟し，しっかりとしたサービス工程で，管理項目や管理目標，ナレーション原稿が準備されれば，スライドの必要はない．動画や映像の編集ソフトは多数あるので，編集目的に合ったものを使いこなしてほしい．

また近年では，VM 化に特化したソフトウェアやクラウドコンピューティングサービスを提供する企業が新しいマーケットを形成している．

5.4.3　VM の活用と事例

(1) 製造業や多業種での VM の活用

VM はサービスの工程管理以外にも活用されている．

例えば，トヨタ自動車株式会社では，ボルトの締め方などの基本技能の VM と，部品の取付けなど，各車種共通の要素作業の VM を作成している．この数年間の間に制作された総タイトル数は約 5 000 種類以上にも及び，VM の導入によって技能の習得時間が大幅に短縮され，トヨタ生産方式のグローバル化に大きく貢献していることが報告されている．

また，業務用プリンタ大手のローランド ディー．ジー．株式会社では，VM の活用とコンピューター制御による“デジタル屋台”と呼ばれる独自の生産方式で，１人１台のセル生産により，作業者の技能を問わず，だれでも１人で製品を組み立てられる仕組みを構築している．これは，1 000枚を超す“デジタルマニュアル”と呼ばれるイラストや写真，アニメーションを多用した詳細な作業指示書の開発の賜物であると報告されている．

(2) VM 事例の視聴

第８章に四つのVMの事例を紹介している．そちらを参照されたい．

残念ながら，先例のVMを目にする機会はほとんどない．多くの企業では標準作業手順書を表したマニュアルは，管理技術のノウハウとして内部文書に指定され，門外不出であることが多いためである．

殊に設備によって品質の安定や大量生産ができないサービス企業では，標準類は製造業以上に重大な事業資産と考えられ，実際の教育用VMが公開されることはほとんど望めない．

しかし“百聞は一見に如かず”のことわざのとおり，現物を見ないことには実際のVMが実感できない．

そこで，ウェブで公開されているVM事例を視聴することを推奨したい．

5.5 サービスのばらつき管理とQC的問題解決法

多くのサービスは，人の行為やパフォーマンスに依存するため，品質のばらつきが起こりやすい．サービス産業の品質問題は，ものづくりに比べて，はるかに深刻で重大なものである．

品質のばらつきがなく，だれがサービスしても，また，いつでも安定しているという点と，品質のレベル自体がほかより高いというこの2点が経営の最優先課題となる．

では，どのようにしてサービスのばらつき管理と品質のレベルアップをして，品質保証をしていけばよいのであろうか．以下に説明する．

5.5.1　ばらつきの管理

唐津一東海大学名誉教授が『品質月間テキスト No.257 品質管理と“ものづくり”の原点』の中で，品質管理の基本的な原理をヒストグラムを使って，次のようにわかりやすく解説している（図5.19参照）．

“品質管理の目的は，左図の状況から右図のように全部の矢を的に命中させることです．つまり，ばらつきを管理することで

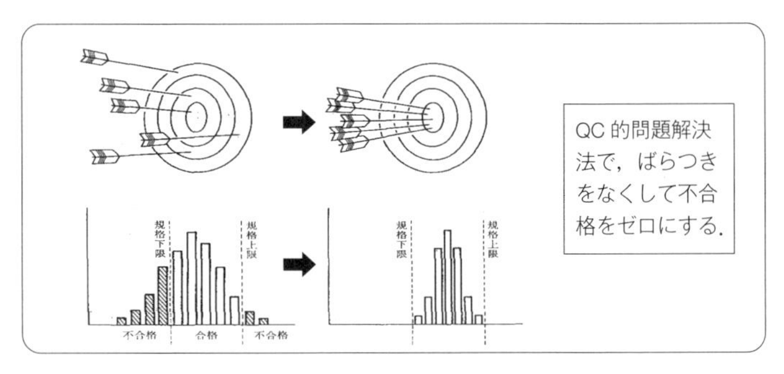

図5.19　ばらつき管理のイメージ図

す．現場のデータを取ることから始めてデータを解析し，ばらつきをなくして不良をゼロにする，これが品質管理の原理です．”

すなわち，不良サービスや不合格サービスを問題とみなし，QC的問題解決法によってばらつきをなくして，不合格をゼロにしていくということである．

5.5.2　QC的問題解決法

問題解決法は一般的に，問題の摘出，解析，問題解決の行動という手順で行われる（図5.20参照）．

この問題解決法に加えて，統計手法を用いて科学的に行われるものを“科学的問題解決法”または“QC的問題解決法”と呼んでいる．

QC的問題解決法は，統計手法を活用し，客観的に現状を把握して問題をとらえ，要因を解析（検証）し，対策を立てて実施し，重

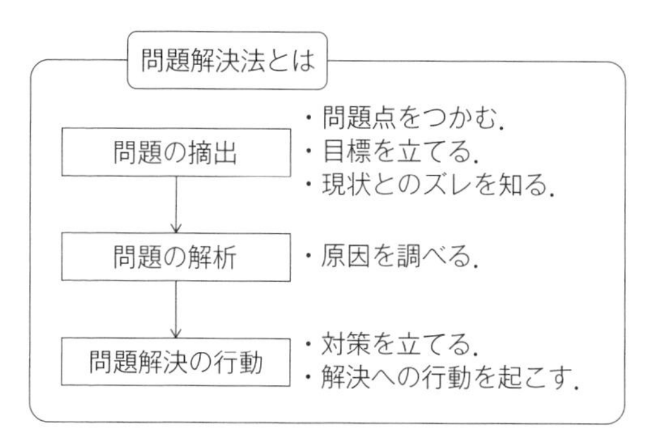

図5.20　問題解決法とは

点志向で問題解決に取り組む考え方である．

これらの問題解決に役立つ統計手法は“QC手法”と呼ばれている．

QC的問題解決法は“QC的な考え方とQC手法を活用して，問題を合理的，科学的，効率的かつ効果的に解決する”もので，“QCストーリー”としてやさしく解説され，現場の改善活動などで大きな成果をあげている．問題解決を効果的に行うためのQC的問題解決の手順を次に示す．

■ QC的問題解決の手順

手順1　テーマの選定

手順2　現状の把握と目標の設定

手順3　活動計画の作成

手順4　要因の解析

手順5　対策の検討と実施

手順6　効果の確認

手順7　標準化と管理の定着

QC的問題解決法はサービス品質の問題解決にも大いに役立つ．

具体的には，まずサービス提供の現場の問題を把握する．人によって“サービス内容が異なる，サービスレベルにばらつきがある，作業能率が低い”などの項目が出てくるはずである．これらの問題をQC的問題解決法を活用して解決し，サービス品質を向上させる．

サービス品質の問題解決に取り組むとき，最も大切なことは，“サービスの特性化”（笑顔度などの品質特性を明確にして評価できるようにすること）と“サービスの見える化”（図表/工程表・展開表や文字，イラストによる手順・因果関係・目的手段などによる視覚化），“サービスのビジュアル化”（画像・映像イメージなどによる視聴覚化）である．

“特性化”と“見える化”が適切に行われないと，問題点を明確にとらえることができないので，目標が明確にならない．“ビジュアル化”が進まないと，効果的な対策が打てない．

たとえば，笑顔度について，従業員のサービスレベルを測定・評価できなければ，起こっている事実をイメージデータとして把握することができないため，目標の設定ができない．したがって，QC的問題解決法を適用することができず，問題解決の手順に則った進め方ができないことになる．

また，サービスの特性化ができて，笑顔度などによって認識されれば，図5.1（87ページ）のように，図表によるサービスの見える化ができる．それによって，問題点が明確になり，QC的問題解決に取り組むことができる．また，サービスのビジュアル化を行うことによって，抽象的な曖昧さをイメージデータとして測定・評価・教育訓練することが可能になり，具体的な問題解決行動に結び付けることができるようになる．

サービスにおける“特性化，見える化，ビジュアル化”は，サービス品質の問題解決には不可欠な技術である．

たとえば“ホテルにおける明朗応対性の改善向上”というテーマについて考えてみる．

明朗応対性というサービス品質では，抽象的であり，直接に問題解決，すなわち改善の行動につなげることが難しい．

このテーマを解決するためには，明朗応対性が十分でない現状を，具体的に“笑顔が少ない”“明るい声で挨拶できない”などという言語データと図表で見える化し，笑顔のレベルを把握し，原因を検討し，対策を立てて，実施していくのが理想的である．

次に二つの改善例をあげて具体的に説明する．2例とも提供品質のできばえを笑顔のレベルによって確認（検査）し，問題点を改善して目標品質レベルを確保した例である．

(1) カプセルホテルのフロント係のAさんのケース

Aさんは人見知りする性格である．フロントに立っても笑顔が出ない．心配したフロント課長がAさんのサービス品質をアップしたいと考えて，現状レベルの調査をさせた．毎日終業時にAさんに自己評価させて，記録を残した．なんと，4月の“笑顔度は1”であった．そこで相談して，図5.21のように，6か月間で“笑顔度5”に改善する目標と計画を立てた．

笑顔が出ない要因は，人見知りする性格が最も大きいのであるが，どのようにすれば笑顔になるのか，Aさんは考えたこともなかった．そこで，先輩に相談すると“鏡を見て笑顔をつくる練習をする”という対策が出てきた．5月までの1か月間で鏡を相手に1日3回，休憩時間に3分間笑顔をつくる練習をした．

なんとか笑顔が出るようになってきたが，フロントに立つとつい忘れてしまう．別の先輩のアドバイスもあって，5月からフロントの近辺に，常にAさんの顔が映るように鏡を3か所に置くことになった．このように，PDCAを回して改善と維持を繰り返し，2か月後には“笑顔度2”となり，3か月後には“笑顔度3”にアップできた．

自分では“笑顔度5”を実践しているつもりであったが，まだ笑顔が足りないとお客様から指摘や激励を受けた．そのお客様が“気の持ち方で顔の表情が変わるよ”“いつも‘ありがとう，楽しい，うれしい’と口にすると笑顔になるよ”とアドバイスしてくれた．駄目もとと考えて，しばらく続けてみた．すると自然に笑顔が出るようになってきた．そして，6か月後には目標の“笑顔度5”をクリアできた．自覚がしっかりでき習慣になった今では，無意識に“笑顔度5”が実践できて，楽しい毎日を過ごしている．

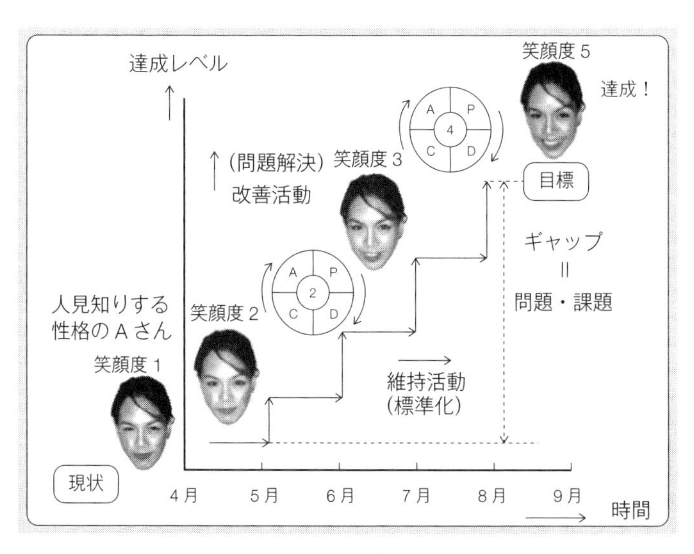

図5.21　“笑顔度5”に改善の例

(2) 高級ホテルのフロント係Bさんのケース

新人フロント係のBさんは，快活な性格で，フロントに立っても，自然に出てしまう満面の笑みでお客様に応対する．Aさんと同じように現状のレベルを確認すると，“笑顔度7”であった．これは笑い過ぎである．

フロントマネージャーから高級ホテルには相応しくないので，笑い過ぎないように指示があった．当ホテルのフロント応対の“笑顔度2”が目標である．

Bさんは，なんとか他のフロントのメンバーと同じように穏やかな笑顔で応対しなくては…と考えるのだが，生来の性格からハッと気が付くと，上司や先輩から“笑い過ぎている，へらへらしない”などと注意されていた．なんとかしなくてはいけないと考えたBさんは，図5.22のように，3月までに“笑顔度2”で応対できるように計画を立てた．

2か月間，同期のフロント係に手伝ってもらって，応対時の実際のビデオを何回か撮影してもらい，その映像を見て，唇の動きや目の動きを観察した．同期生の映像と比較もした．この分析によって，笑い過ぎの要因は“意識がない”ということが判明できた．

そこでBさんは，常に笑い過ぎないように自分に言い聞かせて，“口を大きく開けて笑わない，ジョークを言わない”ことにした．そうしてしばらく意識している間は“笑顔度5-4”で応対できるようになった．1月に入ったとき，マネージャーから再度注意を受けた．

“いつも意識して笑顔を抑えようとしているから表情がぎこちな

い，無意識でもプロの自覚をもてばへらへらした笑いはできないものだ”というアドバイスを受けた．

“自分はこの高級ホテルのフロントの顔になる”と決意を新たにして，毎朝自宅で鏡に向かって“笑顔度 2”の表情づくりの訓練をして，職場では笑顔づくりを意識しないようにした．

このようにして，B さんは無事に目標を達成することができた．

笑顔度は 7 から 2 に下がったが，高ければよいのではない．このレベル値の“笑顔度 2”が目標なので，提供品質としては適正ということになる．

カプセルホテルでは不合格な“笑顔度 2”が，同じ笑顔のレベルにもかかわらず，高級ホテルでは目標値となり，合格のレベルと

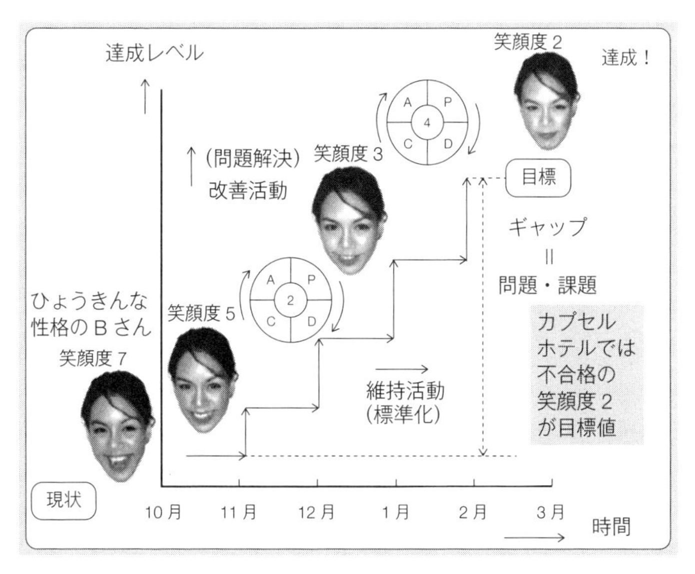

図 5.22　“笑顔度 2”に改善の例

なる．同じレベルであっても状況が変われば意味や解釈が正反対になってしまうこともある．これもサービス品質の問題解決の難しいところである．

ここまで，“個人的属性への依存が高い”，“人的作業で商品に形がない”“サービス品質は評価が難しい”ことを述べてきた．この例のように，問題解決をして品質保証を行うことが可能である．

5.6　サービス品質問題の再発防止と未然防止

バブル経済崩壊後のコスト優先方針や利益絶対主義，グローバル化に伴う生存競争の激化などの背景のもと，1999年から品質や安全面での重大トラブルが頻発している．殊に近年では，製品や製造設備による重大トラブルのみではなく，サービスの提供に伴う重大トラブルが激増している．

たとえば，原材料の不当表示，牛肉や鰻の産地偽装，消費期限の改ざん，異物の混入，個人情報の流出，食中毒事故の頻発，市営プール給水口での水死，手術患者の取違え事故，エレベータやエスカレータ，ジェットコースターでの事故死などである．

不祥事を起こした企業の末路は，当然のように，厳しいものである．営業停止などの行政処分はもちろんのこと，業績不振や廃業，倒産，自己破産に追い込まれるところも多い．

これらのリスク・危機は何としても回避しなくてはならない．そのためには，問題を正確に把握し，その再発防止と未然防止を的確に行うことが必要である．

ここでは，サービス品質と安全性（広義には，品質の一部と解釈されている）に限定して，問題の再発防止と未然防止について説明する．

5.6.1　再発防止とは

サービスの提供によって発生した問題やトラブルが再び発生しないように対処するための防止対策を再発防止という．事故やトラブルが起こってから，同じ過ちを繰り返さないようにすることから，事後的処置といえる．

(1)　過去のクレーム・事故などの不具合事項を摘出して記録し，要因を解析する

過去のクレーム・事故・失敗などの不具合事項をできるだけ正確に摘出する．クレーム票・事故報告書などの記録があれば，それらから不具合事項を摘出する．

摘出した不具合事項を層別して，一覧表にする．原因を究明し，対策を立て，VM などの標準類にフィードバックして，関係部署に周知徹底する．

例を示して具体的に解説する．

表 5.12 の例は，過去に起こった C 社のビルメンテナンス業務のクレーム一覧表である．“発生日，クレーム種類，担当者，クレーム内容，標準類の有無，繰り返しの有無”などを一覧表にして，再発防止の対策を行うためのデータベースとする．

半年ごとに発生したクレームを集計して，クレーム一覧表にす

表 5.12　業務クレーム一覧表の例［出典 25)］

No.	発生日	種別	クレーム種類	該当者	内　容	標準なし	繰り返し
1	4月12日	日常	仕上り		病室の窓枠に埃がたまっている．		
2	4月20日	日常	マナー		患者さんとの雑談が多い．		
3	4月27日	日常	マナー		駐車場管理業務でタバコを吸いながら対応していた．		
4	4月11日	日常	マナー		患者さん用のお茶をデイルームで飲んだ．		
5	4月20日	日常	マナー		声かけせず，部屋のカーテンを開け，大きな音で清掃する．		
6	5月23日	日常	マナー		警備終了時間前に私服に着替えている．		
7	6月12日	日常	仕上り		部屋に糸くず，埃，切った爪が落ちている．掃除機をかけていない．		
8	6月23日	日常	マナー		“ここはバイトが多く正社員は少ない”と誤った情報を客に話をし，動揺させた．		
9	7月13日	日常	作業方法		消防訓練時，当社警備員のアナウンスが適切にできていなかった．		
10	7月17日	日常	仕上り		清掃作業者が出社しなかった（作業者が定休日と勘違いしていた）．		
11							

る．重要度，緊急度，顧客影響度などを加味して処置対策をとる．

また，クレームだけでなく，失敗・事故を含めた不具合事項も業務事故一覧表などに集計して，再発防止の対策を行うためのデータベースとする（表 5.13 参照）．

既存の標準書や VM に記載があるもの，記載があっても理解されにくいもの，新たに記載する必要があるものなどを検討して，できるだけ同じ問題を繰り返さないように対策を標準に織り込む．

過去のクレームなどの不具合事項の記録がない場合も多い．その場合は，該当する業務関係者を集めて，次に示すような不具合モード解析を行うことを推奨する（図 5.23 参照）．

例では，レストラン客席サービスの不具合点を摘出している．不具合を層別すると“衛生的不具合モード，応対的不具合モード，物的不具合モード，時間的不具合モード”が抽出された．モードは

表 5.13　業務事故一覧表の例［出典 25)］

No.	発生日	種別	事故種類	該当者	内　容	労災	保険
1	6月15日	日常	けが(転倒)		業務終了の更衣後，階段で足を滑らせて転倒し，左足首を捻挫する．	○	
2	8月10日	日常	けが		自動ドアの溝を清掃中，手動で閉めた際，右手中指をドアではさみ，けがをした．	○	
3	9月6日	日常	けが(転倒)		資材庫で整理中，足を滑らし転倒し，足首を捻挫した．	○	
4	11月7日	日常	けが		清掃作業の移動中，透明ガラスドアに気付かず顔面を強打し，前歯を破損した．	○	
5	11月30日	日常	けが		洗面清掃後，頭を上げた際，壁の隅に顔をぶつけ，右まぶた付近を切った．	○	
6	2月15日	日常	けが(転倒)		浴室清掃中，足を滑らし転倒し，左の肩甲骨を強打した．	○	
7	2月23日	日常	けが(転倒)		清掃作業中，長椅子につまづき転倒し，左大腿部を骨折した．	○	
8	5月21日	日常	けが(転倒)		床の段差につまずき転倒し，皿10枚破損し，破片で手のひらを切った．	○	
9	3月2日	日常	けが		ガラス製検査器具の洗浄時，先端の欠けに気付かず触れたため，手のひらを切った．	○	
10	1月10日	日常	針刺し		ごみ回収時，袋が重いため，縛り口以外の箇所に手を添え，中に入っていた針で刺した．	○	
11	4月21日	日常	針刺し		病室清掃中，ベット脇のごみを取ろうとして，落ちていた針で右手薬指を刺した．	○	
12	5月13日	日常	針刺し		清掃カートの整理中，カート上の針を握り，刺した．	○	

図 5.23　レストラン客席サービスの不具合点の摘出の例［出典 25)］

“最も頻度の多い値”という意味で，それぞれの状況の中で多く発生している不具合を示している．

こうすることで，やってはいけない事柄がはっきりと見える化できる．見えることで不具合の理解が進み，自ら気付くことができ，自覚が促されて，再発防止の対策となる．

(2) サービス提供プロセスを見直し・是正する

不具合点の摘出ができたら，同じ失敗や不具合を繰り返さないような対策をVMや作業手順書の中にリスク予防の処置として織り込み，提供プロセスの見直しと是正を行う．

サービスの現場では，これらの見直し・是正がノウハウになる．“やるべきこととやってはいけないこと”として，これらのノウハウをVMの中に織り込むことで，作業者の理解が得られ，確実に実践してもらうことで，サービススキルが向上していく．

VMや作業手順書にノウハウを織り込む（フィードバック）には，次に示すような手順で行うとよい．

■ VMや作業手順書へノウハウを織り込む手順

手順1　現行の作業手順書にそのクレーム内容の記述の有無を確認する．

手順2　クレーム内容の記述がある場合は，クレーム票に“有”と記録して保存する．

手順3　クレーム内容の記述がない場合は，クレーム票に“無”と記録して保存する．

手順4　クレーム内容の記述はあるが，重大なクレームが繰り返されている場合，是正処置を立案して再発防止を図るようにする．

手順 5　該当する作業手順書が用意されていない場合，至急用意するようにする．

VMを作成しないのであれば，接客場面ごとにノウハウをイラストなどで表現して，たとえば“応対サービスのべからず集”を制作して，作業者にやってはいけないことを周知するのもよい（図 5.24 参照）．

図 5.24　応対サービスのべからず集の例［出典 25)］

5.6.2　未然防止とは

事故やトラブルが起こる前に，事故やトラブルを未然に防止することを未然防止という．重大な不具合事象を予測し，その直接の発生要因を摘出・除去するとともに，その要因を生み出した根本の原因を見つけ出し，対策を講じて，事故やトラブルを未然に防止することである．過ちを予測し，対策を講じて，未然に防止対策をとることから事前的処置といえる．

“ハインリッヒの法則”とは，米国の安全技師ハインリッヒが労働災害の統計を分析した結果導き出した法則である．数字の意味は，重大災害を1とすると，軽傷の事故が29，事故にはつながらないがヒヤリとする出来事が300になるというものである（図5.25参照）．これをもとに，安全活動では，“1件の重大事故（死亡・重傷）が発生する背景に，29件の軽傷事故と300件のヒヤリ・ハットがある”と警告している．

日常，自覚がないまま，ヒヤリ・ハットの状態に近い不安全な状態や行為をしていないかということを意識すると，相当な件数になると思われる．“いつもやっていることだから”“いままでも平気だったので”という不安全な行為が，いつヒヤリ・ハットの状態を飛び越えて，事故や重大災害になるかわからない．

“1：29：300”で表される比率は非常に高い確率で重大事故を招くことを示している．いつ起こるかわからない重大災害を未然に防ぐためには，不安全な状態や行為を認識して，ヒヤリ・ハットの段階で地道な取組みを考え，実行することが重要である（参考『職長安全手帳』，清文社 ほか）．

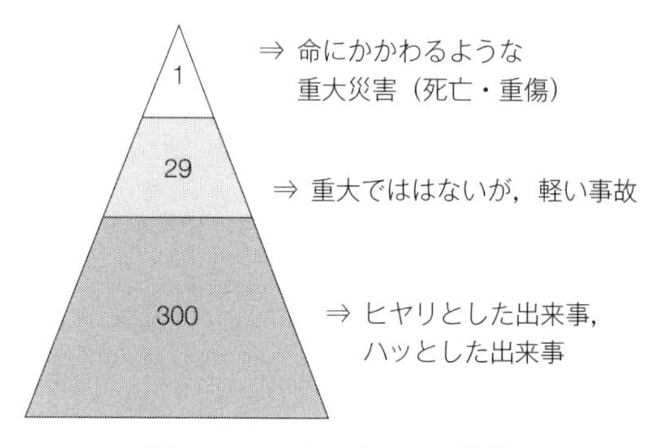

図5.25　ハインリッヒの法則

では，どのようにしてサービス品質問題の未然防止を行えばよいのか．

サービスの提供においては，人の関与する割合が大きいので，重大災害はいつどこで起こっても不思議ではない．人は過ちを犯すものだからである．ヒューマンエラーと呼ばれる，人による過ちを最小限にする努力と仕組みは最も望まれるところである．

また，組織的な未然防止システムの構築は大きな課題として取り組むことが必要である（『未然防止の原理とそのシステム』，鈴木和幸著，日科技連出版社，2004）．

ここでは未然防止の対策として，問題（クレームや不具合）を隠さない“土壌の構築”と過去トラブルの再発防止活動の徹底を取り上げる．

人の過ちをすべて網羅することは不可能であるが，過ちを隠さない土壌をつくることと，起こった過ちに対する再発防止の標準化を徹底することによって，未然防止の対策として大きな効果が期待できる．

(1)　問題（クレームや不具合）を隠さない土壌の構築

“曖昧，見えにくい，とらえどころがない”などのサービス品質の特徴を考えると，いつ何時起こるかわからないリスクを予測して，対策を考えることは大切なことであるが，それでは対象が大きく広がってしまい“焦点が定まらない，やることが多すぎる”などの不都合が考えられる．

したがって，現在起こっている問題（クレームや不具合）をオープンにできる組織文化を醸成することで，将来起こりうる問題を未然に防止することが現実的な対策であると思われる．

つまり，クレームや事故を隠さない企業文化を醸成することで，企業内に信頼関係を築き，トラブルの未然防止の体制を確立していくことである．

そのためには経営トップが，クレームを最優先する姿勢を社内に示して，行動することが大切である．

人間のやることにミスや失敗は避けられないものである．また，お客様の誤解や勘違いなども起こりうるため，クレームはゼロにはできない．したがって，クレームに対して迅速かつ的確な初期対応を行うことがトラブル(問題)の早期解決とお客様の信頼を回復する鍵となる．次に示すクレームに対する認識不足が，衰退していく企業でのクレーム対応とクレーム感覚と考えられるので注意したい．

■クレームに対する認識不足

・トップが，クレームは恥ずかしいこと，あってはならないものと考えている．
・まず“だれの責任か”を考えてしまう．
・発生させた担当者が悪いのだ．
・“よくあること”とクレームを軽んずる．
・安易にとらえている．
“大した問題ではない”“慌てなくても大丈夫”“謝れば何とかなる”．
・“時間がない・人がない”と逃げてしまう．
・“だれかがやるだろう”と他人任せにする．

・“どうすればいいのか”わからない．
・まじめにクレームに対応しても，効果・評価は小さい（利益にならない）
・些細なことでクレームをつけるほうがおかしいと思う．

（参考　舟木聖華著，“クレーム客を味方にする方法”，日本商工経済研究所刊）

以上のように，クレームをマイナスイメージでしかとらえることができなければ，知らず知らずのうちにクレームから目をそむけたり，対応を鈍くする企業風土が生まれてしまう．これでは，過去の問題の再発防止もできない．もちろん，見える化ではなく，“見えない化”というべきで，未然防止することなどは不可能である．

(2)　過去トラブルの再発防止活動の徹底

社内に信頼関係を築いて，問題をオープンにできる企業文化を醸成して，未然防止の動機付けに役立てるには，過去トラブルの再発防止活動の徹底が必要である．

C社の“クレーム対応の基本10原則”を次に紹介する．

■ C社の“クレーム対応の基本10原則”

① クレームはすべて速やかに口頭と文書でトップに報告する．
② クレーム対応はすべての業務に優先する．
③ 我が社の損金よりも，お客様の利益を優先させる．
④ クレームは初期対応（応対・電話マナー・客先迅速訪問）で成否が決まる．

⑤ 謝罪と素早い原状回復がクレーム解決の近道である.

⑥ 言い訳，反論が解決を遅らせる.

⑦ クレーム発生の個人責任は厳しく追及しない.

⑧ クレームの不報告・処置の遅延・処置の怠慢についての責任は厳しく追及する.

⑨ クレーム対応のノウハウを作業手順書・VM に織り込む.

⑩ クレーム対応はトップ・部門長・リーダーの最重要任務である.

第6章　情報化社会におけるサービス品質の保証

ITやインターネットの普及により，高度情報化社会が実現しつつあることが期待されている．

殊にインターネットのもつボーダーレスな革新性が世界の価値観や行動原理を大きく変え，日本の社会も激変している．これからのサービス品質の保証は情報化された社会に適応していく必要がある．

ものやサービスなど，あらゆるものがインターネットで検索されるようになり，もはや多くの人々は，辞書・地図・電話帳・時刻表など，紙の媒体を中心にしてものを探すことはしなくなった．インターネット検索によって，膨大な情報を瞬時に検索できるため，すでに既存の知識はだれでも簡単に入手することができるようになった．

本来は専門家や業界人しか知り得ないことも即座に知ることができるようになってきた．もちろん，知ることとできることは違う．しかし，とりあえず，情報と知識の無意識的・無差別的な共有化により，情報と知識は，知っているだけでは，また，もっているだけでは価値がないことになってしまった．むしろインターネットを使いこなせるか否かで生活の便利さが決まり，インターネットを利用できないと社会的に孤立しがちなことから，インターネット難民などとも呼ばれ，不便を強いられている．

さらに，この数年間でスマートフォンやタブレット端末がパソコンを超えて普及し，人々はソーシャル・ネットワーキング・サービス（Social Networking Service：SNS）による情報のやり取りを享受し，その口コミによる影響はテレビ・新聞などのマスコミに匹敵するほどになっている．

しかもFacebookやTwitterなどでは，投稿された記事の評価を“良い（Good）・悪い（Bad）”ではなく，“好き（いいね！Like）・嫌い（Dislike）”で行う．

その影響なのか，若者を中心に，ものごとの判断を論理・ロジックで行うのではなく，情報に触れた最初のイメージ・知覚で行うようになってきている．膨大な情報の中から検索するので，情報の内容よりも見た目のイメージやキャッチコピー，キーワードで情報の適・不適を判断するようになった．

したがって，サービス産業においても，これら情報や知の変化に機敏に対応していかなければならない．インターネットや情報技術を使いこなして情報をやり取りし，情報センスを磨いていかなければならない．

6.1　サービス提供前から始めるサービス品質の保証

これまでは，商品ごとに品質保証体系を構築し，確実な品質保証を行い，サービス提供後に不具合を検証し，フィードバックして，是正することが基本であった．

しかし，IT，価値観の多様化，スピード化，コミュニケーションのあり方などの変化により，サービス提供前からサービス品質の保証を始めることが必要となってきた．

適正な事前期待を顧客にもってもらい，事前期待を裏切らずに，保証を確実に行うためには，商品提供前に購入希望者に対して，十分な商品情報を発信しなくてはならない．

インターネットを活用して，良いイメージの第一印象を与える商品情報を発信することが不可欠となってきた．

6.2　サービスの品質保証情報（顧客期待値）の一貫性

サービス提供前からサービス品質の保証を始めることはもちろんであるが，さらに顧客のニーズの把握からサービス設計・提供・顧客の満足度の検証まで，サービスの品質保証情報（顧客期待値，たとえば，笑顔度・親切のレベル）はその一貫性を確保しなくてはならない．

顧客は自分の要求を抽象的にいうこともあれば，些細なことまで具体的に主張するものである．サービスの対象からサービス提供レベルやサービスのやり方，開店時間，スタッフの態度，施設，設備など，さまざまである．

顧客は自由に要求や主張をするが，提供する企業側ではその要求がどんなものであるのかを正確に把握して，対処しなくてはならない．

しかし，サービス品質の保証内容について，企業内の部署や従業員によって受け止め方や考え方が異なっていたのでは対応することができない．

そこで，サービス業務QC工程表と品質機能展開表を作成して，組織内に周知を行い，提供者のだれもが理解し，行動できる保証体系を実現していくことになる．

ただし，複雑なサービス提供の工程や多くの保証項目を大きな一覧表などにしても覚えられるものではない．

サービスの全体像を，サービス業務QC工程表と品質機能展開表から階層化した上位のキーワードで共有化し，A4判の用紙1枚の表にまとめて俯瞰すれば，重点が理解できる．

そうした後に，サービスの階層化の下層部分の項目を行動できるレベルの3次レベルでVMに変換してイメージ化し，それぞれのサービス工程部分における行動基準・標準として細目を会得する．

こうすることで，サービスの提供に必要な膨大な情報が“抽象から具象へ”，“具象から抽象へ”，言葉とイメージを駆使して，自在に行き来して対応できることになり，サービス品質（顧客の期待）の一貫性が確保される．

近年のサービス提供の現場では，雇用と離職の頻度の激しい短期雇用のスタッフにこれらの詳細工程と品質レベルの実現を伝えなくてはならない．当然，提供するサービス工程にかかわる，わかりやすいVMによる，標準化と教育訓練の徹底が必須条件となる．

また商品提供においても，十分に情報機器の活用や機械化（図6.1参照）を行い，サービスレベルや安全の維持管理ができるようにしたい．

たとえば，上海の高級レストランでは，お客様がタブレット端末のメニュー画面から料理名・内容・価格を静止画で検索でき，そのまま調理場に注文を通すことができる．注文の間違えや注文後のトラブルは減少し，快適に注文できるシステムとなっている．これならば新人も間違えようがなく，顧客も楽しんで注文できる．

サービス提供時および事後に検証・評価を行って，素早く是正し，対策を打って，スタッフの行動が変えられるような情報のフィードバックの仕組みが構築されていることも大切となる．

図 6.1　タブレット端末メニューで注文できる上海の料理店

6.3　パック旅行商品におけるサービス品質保証の事例

これからのサービス品質の保証について，基本的な考え方を解説した．ここでは，パック旅行商品を事例にして，その内容を具体的に説明したい．

パック旅行商品（パッケージツアー）とは，パンフレットやインターネットサイトなどで宣伝され，旅行者を募集して，申込みをした人が参加する旅行である．

パック旅行商品購入後は，指定された日時に集合場所へ集まり，他の申込者とともに旅行グループの一員となり，旅行業者の従業員の案内に従って，行程表（スケジュール）どおりに移動・宿泊・観光を行い，解散場所で解散して，サービスが終了する．

旅行商品でいえば，商品購入前のサービスを事前サービス（またはビフォアサービス），旅行中のサービスを事中サービス（またはサービス提供），旅行後のサービスを事後サービス（またはアフターサービス）と呼んでいる．

6.3.1　パック旅行商品の保証の現状

パック旅行商品は，他のサービス商品と同じように，購入前にサービス品質のレベルや内容明細がわかりにくいものといえる．

まず，一般的に販売されているパック旅行商品について，第3章の3.2節で述べたサービス品質の保証の五つのステップ（41ページ）に沿って，その現状を見てみよう．

(1)　だれを対象に保証するのか

漠然とパック旅行のお客様を対象にするのでは，旅行内容や保証内容がおおまか過ぎて特定できない．

たとえば，“4月-6月，シンガポール4日間，6-8万円（東京羽田空港発着，1室2人滞在)”が旅行条件であるとする．対象者は，出発前に応募して契約を結んだお客様である．金額の違いは出発日と宿泊する部屋のグレードの違いによることが多い．

(2) 保証する項目は何か，何を対象に保証するのか

パック旅行では，安全に楽しく旅行できることが保証する項目となる．具体的には，移動・宿泊・食事・観光地訪問・連絡・接遇に求められるサービス機能とサービス品質が保証項目である．

パンフレットやウェブサイトなどの広告には，旅行の主な機能である移動・宿泊・食事・観光地訪問などが記されている．しかし，どのように移動し，どのようなホテルに宿泊し，どのような食事をし，どこの観光地を訪れるのか，どのような現地案内人がどのようにガイド説明をするのかなど，サービス機能とサービス品質については，ほとんど触れられていない．

(3) どのようにして保証するのか

したがって，サービスの機能や品質のレベルについては，詳しい事前情報がほとんど示されていない．事前情報の質・量とも不十分で，実際のサービス品質のレベルや実態のニュアンスを明らかにしたサービス工程が，旅行の実施前に明確にされることはほとんどないのが現状である．

(4) どのくらいのレベルであれば，保証された状態にあるのか

購入前に旅行サービスの基準レベルが明示されていれば，良し悪

しが確認できて評価できるが，事前に期待するレベルの基準が不明確なことがほとんどである．したがって，実際にサービスを現地で受けているときに少々不満があっても問題にならないことも多い．もちろん，エアコンが全く効かないので眠れないなど，大きく常識を逸脱する不具合はその場で是正されることが多いが…．サービス品質の保証レベルはお寒い限りである．

(5) 検査（チェック）して保証水準の確認ができるか

サービス商品を検査して，その保証水準を確認するという商習慣がない．これが今日の旅行商品提供の現状である．つまりノーチェックといえる．

こうなると，大きな事故でもない限り，低レベルのサービスが提供され続けることとなる．その結果，旅行客は不満に思い，再購入をしなくなることから，旅行業社の業績は下がり，従業員も仕事が減ることになる．

しかし，この数年間でのインターネットの普及により，SNS が発達して，旅行に参加したお客様が現地でのサービスの様子を画像とともに，リアルタイム（サービス提供と同時進行的に）で SNS に掲載することが多くなってきた．

ホテルの部屋の様子やレストランの美味しさ，接遇態度などの良し悪しをその場で赤裸々に発信することが普通に行われる，言い換えると，サービスの検査を消費者が自分の尺度で評価し，外部に公開しているともいえるのである．

満足した情報ならよいが，不満に感じたことがリアルタイムであっと言う間に，悪評として社会に拡散されることになる．

以上のよう状況は，旅行業者（売り手）と旅行者（買い手）の双方にとってリスクが大きく，好ましいものではない．

旅行者の事後評価が良ければ問題はないが，評価が悪い場合は，旅行が終わってからあれこれいってみても“覆水盆に返らず”，どうにも回復できないのである．売り手も買い手も双方が困り，得るものはない．

6.3.2　これからのパック旅行商品の保証

このようなリスクを回避するためにはどうすればよいであろうか．サービス品質の保証の五つのステップに沿って，その将来を考えてみよう．

ただし，パック旅行商品の主な内容である“移動・宿泊・食事・観光地訪問・連絡・接遇”の動画コンテンツ（各１分間）をサービスの目標基準 VM（以下，“動画コンテンツ VM”という）として事前に制作することを前提とする．

① だれを対象に保証するのか
　旅行商品に興味をもって検索・視聴する人

② 保証する項目は何か
　主なサービスとその品質レベル

③ どのようにして保証するのか
　動画コンテンツ VM の制作と配信

④ どのくらいのレベルであれば，保証された状態にあるのか
　動画コンテンツ VM で視聴したサービス品質のレベルの

実現

⑤　検査（チェック）して保証水準の確認ができるか

動画コンテンツVMで視聴したサービス品質のレベルの再現性

サービス品質の保証の考え方からすると，パック旅行商品の主な内容である移動・宿泊・食事・観光地訪問・連絡・接遇のサービスの目標をそれぞれ1分ほどの動画コンテンツVMを制作して，公開する．

この動画コンテンツVMは単なる旅行の広告だけでなく，“当社は動画コンテンツに示すような，サービス品質のレベルに目標基準を設定しています”という方針を視聴者に公約化したVMでもあると考えて制作する．

単に動画を撮影するだけでなく，保証水準の確認ができるサービス品質のレベルを示した基準（かいつまんでつかめる2次レベル項目）となるようにする．たとえば，航空機内の様子やホテルの部屋・施設・フロント・朝食，見学観光地などを，それぞれ1分間ほどの動画コンテンツVMとして制作する．

次に，それをウェブサイトの該当するパック旅行商品のウェブページに掲載して“動画で見る”というバナーを設ける．こうすれば，興味をもつ旅行者がウェブページ上のそのバナーをクリックして，対象となる旅行内容を動画で見ることができる．申込者は購入する前に，的確でかいつまんでの旅行内容のイメージを得ることができる（図6.2参照）．

これらの動画コンテンツVMは，その旅行商品のサービス品質

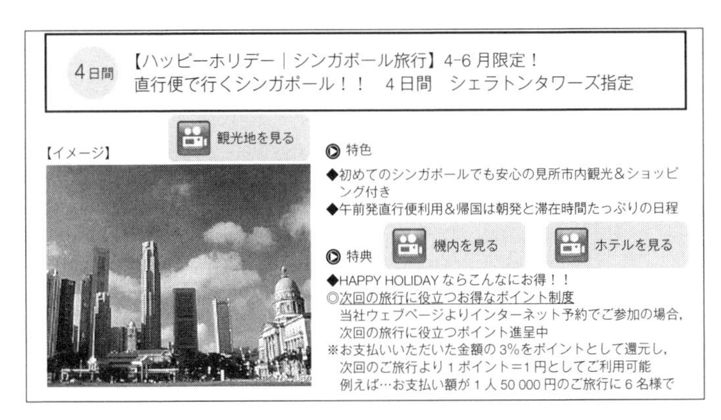

図 6.2 ウェブサイトの動画リンクページの例

のレベルを評価し，保証するための基準となる．

周到に準備された動画からは，文章や静止画とは比較にならないほどの情報が得られる．あたかも事前に旅行概要を疑似体験できるため，お客様に過剰でも過小でもない適切な事前期待をもってもらえる．実際に旅行中にサービス提供を受けているときには，購入前に視聴した動画コンテンツ VM の記憶を思い出しながらサービス品質のレベルを比較し，同時に検査して，サービスを受けることになる．

また，現地のホテルや観光バス，レストランなど，関係機関の従業員にも動画コンテンツ VM を周知して，同じレベルのサービスを提供するように要請して実現する．動画コンテンツ VM によって共通認識・基準ができるため，旅行者の事前期待と提供者の事中サービスと提供者の事後評価とが相対化でき，容易に品質レベルの一貫性を確保できるようになる．

こうなれば，旅行者（買い手）にとっては事前情報の質・量とも十分で，実際のサービス品質のレベルや実態のニュアンスが明確になる．また，旅行業者（売り手）にとっては，教育訓練も十分に行えて，動画コンテンツVMで示されたレベルをクリアするサービスを確保できる．提供者の事後評価も顧客満足度が向上し，安定する．

このことから，利害関係にある買い手と売り手とスタッフの三者に利益をもたらす，持続可能性をもった，旅行のサービス品質を保証するシステムがWin-Winの関係で構築できる．

サービス提供前に公開されている動画コンテンツVMが基準レベルであるので，サービス提供時，あるいは提供後にその内容やレベルに差異が発生すれば，顧客はたちどころにサービスレベルの是正を要請できるし，旅行業社も管理がしやすい．スタッフも動画コンテンツVMどおりに業務を行えば免責されるし，そのレベル以上のサービスを要求されることもない．

第7章 サービス品質保証の実践に向けて

本書の冒頭で述べたように，サービスの事故や不祥事は相変わらず起こっている．しかも，東京2020オリンピック・パラリンピックでは，日本の“おもてなし”文化が強く期待されている．

より良い“おもてなし”の実現には，精神論や文化論ではなく，個々のサービスが情報技術を駆使したVM活用と顧客の要求に応えるサービス工程が管理されて，科学的に品質の保証を実践することが望まれる．

7.1 VM制作とサービス工程管理からの実践

サービス品質保証の実践とは，“サービス提供の工程管理方法が充実して，事故や不具合の再発防止や未然防止の行動があって初めて実践されるもの”といえる．

たとえば，ジェットコースターの死亡事故は過去にもあった．事故の原因はいろいろと検証され，現在では安全運行のための定期点検と整備がしっかりと行われて，安全であると乗客は信じ，利用している．

したがって日々の運転管理のため，そもそも開業前にジェットコースターの運転操作工程の手順が作業者にわかりやすい形で伝えられ，安全運転の教育訓練が行われなければならない．

本来ならば，一つひとつの運転操作を手順にして，VMを制作し，作業者に熟知させて，確実に実施することが必要である．また，運転開始時に毎回搭乗者全員のシートに安全バーまたは安全ベルトがしっかりとロックされていることを確認する動作と記録することを作業者に義務付けるべきである．殊にリスクの大きい遊具では，法の規制による監視に踏み込むことが必要なのかもしれない．

そして，欲をいえば，シートロック自動確認機構を採用して，全員の安全が確認できなければ，コースターの運転操作ができないような安全機能の設置を行うことが望ましい．

もちろんサービス品質の保証は事故や不具合だけがその対象ではない．サービスを提供するあらゆる業務において，お客様に事前期待を上回る満足感を実現するために行うものである．

標準作業手順のVMが制作されて，サービス工程で“やるべきこととやってはいけないこと”が確実に作業者に伝達されて，理解したことを証明し，その手順を守ってサービス工程を管理することができれば，作業者を守り，顧客を守り，企業を守ることができる．ひいては，これが社会の安全・安心を担保することになる．

些細なことが致命傷になりかねない昨今，サービスの不具合問題を解決して，世界から信頼される日本のサービスを取り戻したい．

7.2　ISO 9001 認証からの実践

幸いにも近年では，多くのサービス提供企業において，ISO

9001 認証取得が行われている．ISO 9001 規格はそもそも品質マネジメントシステムである．サービスの工程管理が品質システムの要求事項としてあげられているので，認証を取得している企業・事業所では規格に従った規定を設けていると考えられる．

そこで再度，自社・自部門のサービス提供の工程管理の規定と標準作業手順書を第 4 章に基づいて，形ばかりの規定やわかりにくいマニュアルでお茶を濁してはいないか見直してほしい．

サービス業務 QC 工程表と標準作業手順書がすでに作成されていれば，それらをもとに VM 制作を行って，品質保証体系を見直すことが肝要である．

7.3　5S 導入からの実践

サービス提供企業においても，品質保証は重要な経営課題であるが，一般に品質の管理や保証というと，製造業において行われるものと受け止められている．

サービス提供企業では，品質の概念や活動を身近に感じていないこともあり，ISO 9001 認証取得などの意思がないと社内の合意が得られにくいと考えられる．

しかし，職場における 5S “整理，整頓，清掃，清潔，しつけ” は，だれもが共通して仕事の基本として認めることであり，その獲得は経営基盤の整備としてうってつけの活動である．

しかもサービスの仕事は，ほとんどが人力で提供されることを考えると，5S の徹底は非常に大切なことと理解される．

サービスにおける5Sは“整理，整頓，清掃，誠実，スピード”と置き換えて活動するとよい．“清潔”は“清掃”に，また“しつけ”は“誠実”に含まれており，人的要素が大きいサービス業務では，誠実さとスピードが優先されることが理由である．

サービスの5S活動を始めることによって，職場がきれいになり，“もの”や“こと”の整理整頓がきちんとされ，職場に活気が出てくることが期待できる．こういった業務習慣が品質管理活動・品質保証活動の基盤となるので，遠回りのようでも5S活動から始めて，品質管理活動・品質保証活動を充実することが推奨される．

また，すでにTQMが導入されているサービス提供企業もある．TQMの本来の目的は，顧客への品質保証活動を体系的に行うためであるので，前述のように，サービス工程管理とVM活用の観点からの見直しを行い，効果的な品質保証活動を進めてほしい．

QCサークル活動を行っているサービス提供企業でも，同様にサービス工程管理とVM活用の観点からQCサークル活動とのかかわりを見直して，さらに活性化した活動を進められたい．

企業や組織の都合上，どこから実践してもよいが，第2章で解説したサービス品質の理解ができていないと効果が望めない．自社が提供するサービス品質を見極めて，顧客の要求する重要な項目のサービスレベルを期待値として明確に表し，第4章で解説した標準，できればVMを作成し，目標を立て，実施して，PDCAを回すことが肝要である．

7.4 品質保証の実践による顧客満足と従業員満足の実現

お客様の要求するサービス品質を正しく理解して標準化を行い，サービスプロセスの見える化とその工程管理を適切に行って，サービス品質の保証を行えば，当然，顧客満足が実現できる．

7.4.1 顧客満足の実現

通常，あるサービスを購入しようとする場合に“これくらいのサービスはしてくれるだろう，こんなふうにしてほしい”という漠然とした期待や要求をもつ．これを“事前期待”という．購入して実際にサービスの提供を受け，その結果の評価を“事後評価”という．“事前期待”と“事後評価”の実際の充足感の度合で顧客満足が決定される．

サービス品質の保証がなされれば，買い手がサービスを購入する前の“事前期待”とサービスを受けた後の“事後評価”が合致し，顧客満足が実現する（図 7.1 参照）．

事前期待と事後評価が一致して，顧客の充足感の度合が高ければ，顧客満足度は高まり，リピート客（再購入客）となる．

事前期待よりも事後評価が頭抜けて高ければ，充足感の度合は最高に近いものとなり，顧客感激（Delight）となる．もちろんリピート客になるが，その喜びを周りの知人や友人に披露してくれるため，宣伝効果も期待でき，正の連鎖が起こる．

その逆に，事後評価が事前期待より低ければ，充足感の度合は低くなり，顧客を失うだけでなく，周りに悪い評判を吹聴され，さら

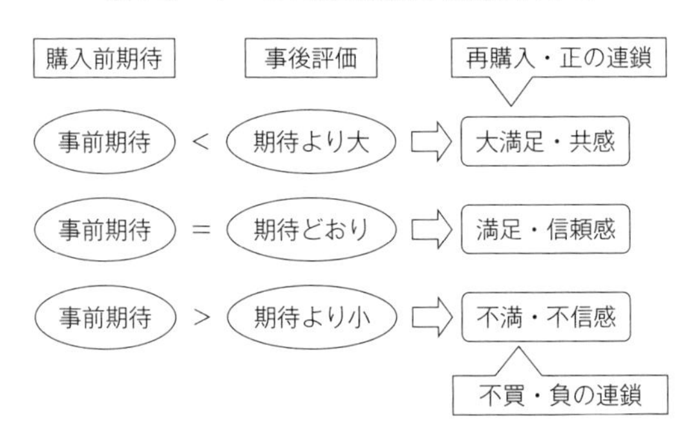

図 7.1　顧客満足の概念

に顧客を失うことになり，負の連鎖に陥る．

したがって，誇大広告や過剰な宣伝で過度の事前期待をもたれることはリスクが大きいので，できる限りありのままのサービス情報を発信して，等身大の事前期待を醸成することを心がけたい．

サービス購入後の評価が購入前の期待どおりであれば，満足を生み，さらに期待よりも大きくなり，大満足が実現できれば，多くの共感が生まれて，サービス企業の持続的発展が実現できる．サービス品質の保証が望まれるゆえんである．

7.4.2　従業員満足から顧客満足を実現

サービス提供の多くは人によって行われることから，従業員の仕事に対する満足度が高くないと，サービス品質のレベルを確保できない．

お客様にサービス提供することで，従業員が喜びを感じる関係の構築を望みたい．

殊にVMの活用は，圧倒的な情報量によって，従業員に伝えたいものや仕事のやり方をだれでも間違えようのない具体的な映像やナレーションで表現し，即座に確実にイメージで伝達して，視聴する新人の理解を得ることができる．すなわち，ベテランのサービスを迅速に習得できるので，従業員の大きな味方となる．

VMに従ったサービス方法とサービスレベルを提供することで，お客様に喜んでもらえるようになるのである．お客様が喜び，サービスに満足すれば，サービス企業も発展することができる．

第8章 VM(ビジュアルマニュアル)事例の紹介

本章では，ウェブ上に掲載されている四つのVMを紹介する．いずれも2016年11月の時点で掲載の確認を行っているが，リンク先のURLは変更されることがありうることをご了承されたい．

8.1 作業工程手順をVMに表した事例

“びわの葉エキスの作り方”

http://kawashima-ya.jp/?mode=f61#video

びわの葉エキスは“アトピー，火傷，皮膚炎”に著効があるもので，特にアトピーなどに苦しむ人々に知られている．

サービス工程ではないが，作業工程手順をVMにしたもので，だれでもびわの葉エキスの作り方が理解できる優れものであり，本書で示したVM制作の手順がよくわかるVM（4分21秒）である．他の紙のマニュアルと比較すると，動画を使用したVMは，その理解度が格段と上昇していることが体験できる．

8.2 サービス提供手順をVMに表した事例

“かんたんマニュアル作成ツール 導入事例”

http://www.technotree.com

http://www.dad.co.jp/service/visual/

5.4.2項(5)で述べたように，ソフトウェアの販売やクラウドコンピューティングサービスを提供する多くの企業があるので，ウェブサイトでサンプル事例を閲覧することができる．ただし，これらのVM制作ソフトや事例などは，サービスマニュアルのビジュアル化を主な目的として制作されてきたものであるから，そのままではサービス品質の管理や保証とは結び付いていない点に注意する必要がある．

サービス工程の管理やサービス品質の保証の考え方に則って，これらのソフトウェアで制作されたVMの活用を図ることが肝要である．

8.3　商品使用手順をVMに表した事例

電気温灸器“黄帝灸ナノプラチナの使い方”

http://kouteikyu.com/douga.html

筆者が開発した電気温灸器の使い方を動画で説明したVMである．“販売サービス”の一環として，商品の使用方法を購入前に（ビフォアサービスとして）説明し，顧客の事前期待を形成し，周知させ，購入前と購入時と購入後の顧客満足度を一貫して保証するためのツールとして紹介している．

8.4 パック旅行商品におけるサービス品質保証の事例

パック旅行商品の動画コンテンツ VM

http://www.rockymountaineer.com/

http://www.canadiannetwork.co.jp/canada/idea/rockymountaineer.html

http://www.rockymountaineer.com/en_CA_BC/service_level

すでにウェブ上で動画コンテンツ VM を掲載し，パック旅行商品を実際に提供している事例を紹介する．ぜひ視聴されたい．

説明文が掲載されているが，この文面と静止画像のみの場合とを比較すると，動画コンテンツ VM の説得力が卓越していることが理解できる．また，これらの動画コンテンツにより，購入前にサービス内容と品質レベルを全体的にイメージで理解できるので，過剰でもなく過少でもない事前の期待値が顧客に記憶される．あらかじめ疑似体験ができるため，顧客は安心して旅行に出かけられる．

この事例での動画コンテンツ VM は，あくまでも広報の一環であるため，サービス品質保証を目的に制作されているわけではない．しかし，まさにこの点がこれからのサービス品質の保証活動に必要なポイントである．これだけ素晴らしい動画コンテンツ VM を単なる広告としておくのか，あるいは意識的にサービス品質の保証活動に生かしていくのか，である．

“サービス品質の保証”に関する文献の紹介

“サービス品質の保証”をじっくりと勉強したいと思われる読者に参考となる文献を紹介したい．“品質管理全般”“品質機能展開”“サービスの品質”“経営全般”の四つに分類してある．

新刊は多くなく，中には入手が難しい文献もあるかもしれないが，近隣の図書館などを利用され，興味が湧く分野から一つひとつ手にとってみてほしい．“サービス品質の保証”を考えるうえで非常に参考になる．

■品質管理全般

1) 石川馨(1984)：日本的品質管理—TQCとは何か〈増補版〉，日科技連出版社

2) 細谷克也(1984)：QC的ものの見方・考え方，日科技連出版社

3) 石川馨(1989)：品質管理入門 第3版，日科技連出版社

4) 梅田政夫(1989)：品質保証の実際，日科技連出版社

5) 唐津一(1995)：品質管理と“ものづくり”の原点，品質月間テキスト No.257

6) 社内標準化便覧編集委員会編(1998)：社内標準化便覧 第2版，日本規格協会

7) 金子憲治編(2000)：中小企業のための企業体質改善方法—5SとISO 9000からの効果的TQM導入事例，日本規格協会

8) 新藤久和編(2001)：設計的問題解決法—TQM活性化へのアプローチ，日科技連出版社

9) 鈴木和幸(2004)：未然防止の原理とそのシステム—品質危機・組織事故撲滅への7ステップ，日科技連出版社

10) 飯塚悦功(2008)：JSQC選書 1 Q-Japan—よみがえれ，品質立国日本，日本規格協会

■品質機能展開

11） 赤尾洋二(1988)：新製品開発のための品質展開活用の実際，日本規格協会

12） 赤尾洋二(1990)：品質展開入門(品質機能展開活用マニュアル1)，日科技連出版社

13） 大藤正・小野道照・赤尾洋二(1990)：品質展開法(1)(品質機能展開活用マニュアル2)，日科技連出版社

14） 大藤正(1993)：確実な品質保証のためのQFD，品質月間テキストNo.236

15） 大藤正・小野道照・赤尾洋二(1994)：品質展開法(2)(品質機能展開活用マニュアル3)，日科技連出版社

16） 大藤正・小野道照・永井一志(1997)：QFDガイドブック—品質機能展開の原理とその応用，日本規格協会

17） 赤尾洋二・吉澤正監修，新藤久和編(1998)：実践的QFDの活用—新しい価値の創造，日科技連出版社

18） 金子憲治ほか(1998)：QFDのやさしい進め方，品質月間テキストNo.281

19） 大藤正(2010)：JSQC選書 13 QFD—企画段階から質保証を実現する具体的方法，日本規格協会

■サービスの品質

20） 前田勇(1982)：サービスの科学，ダイヤモンド社

21） 畠山芳雄(1988)：サービスの品質とは何か(マネジメントの基本選書)，日本能率協会

22） ジャック・オロヴィッツ(1989)：サービスの品質をどう高めるか，日本能率協会

23） 狩野紀昭編(1990)：サービス産業のTQC—実践事例と成功へのアプローチ，日科技連出版社

24） 久慈光亮(1991)：サービスのQC用語，日本規格協会

25） 金子憲治(2009)：サービス品質の見える化・ビジュアル化—お客様の要求からサービス提供まで，日科技連出版社

■経営全般

26） S.I.ハヤカワ著，大久保忠利訳(1985)：思考と行動における言語，岩波書店

27） 品質月間テキスト編集委員会編(1993)：顧客満足・従業員満足，品質月間テキストNo.241

28） 佐野良夫(2001)：顧客満足の実際 新版(日経文庫)，日本経済新聞社

29) P. コトラー他(1997)：ホスピタリティと観光のマーケティング，東海大学出版会
30) 西尾チヅル(2007)：マーケティングの基礎と潮流，八千代出版

おわりに

一般的に価格やコスト面から，買い手（お客様）と売り手（サービス提供企業），作り手（作業者）の利益は相反すると考えられるが，VM活用を基礎にした品質保証体系の構築とその実践によって，Win-Winの関係ができあがり，従業員満足から顧客満足を実現することができる．

インターネットやパソコンなどのITの進歩がこのようなVMの作成を可能にした．その進歩に大いに感謝したい．

サービス品質を理解して，品質保証体系の構築とその実践により，ダントツな競争力を実現できると思われるが，サービス提供者としての社会的使命感と行動力が必須であることを肝に銘じて，さらなるサービス品質の向上を実現されることを祈りたい．

索　引

し

す

せ

た

て

と

は

ひ

へ

ほ

ま

み

む

め

も

ゆ

よ

わ

JSQC選書27
サービス品質の保証
業務の見える化とビジュアルマニュアル
定価：本体 1,700 円(税別)

2016 年 12 月 15 日　第 1 版第 1 刷発行

監 修 者　一般社団法人 日本品質管理学会
著　　者　金子　憲治
発 行 者　揖斐　敏夫
発 行 所　一般財団法人 日本規格協会
〒 108-0073　東京都港区三田 3-13-12 三田 MT ビル
http://www.jsa.or.jp/
振替　00160-2-195146
印 刷 所　日本ハイコム株式会社

ISBN978-4-542-50483-7

●当会発行図書，海外規格のお求めは，下記をご利用ください．
販売サービスチーム：(03)4231-8550
書店販売：(03)4231-8553　注文 FAX：(03)4231-8665
JSA Web Store：http://www.webstore.jsa.or.jp/

品質管理検定(QC検定)参考図書

[リニューアル版]
やさしいQC七つ道具
現場力を伸ばすために

細谷克也 編
石原勝吉・廣瀬一夫・細谷克也・吉間英宣 共著
A5判・288ページ
定価:本体2,300円(税別)

統計的手法入門テキスト
検定・推定と相関・回帰及び実験計画
奥村士郎 著
2級
3級
A5判・222ページ
定価:本体2,200円(税別)

現場長のQC必携

監修 朝香鐵一
編集・主査 尾関和夫・千葉力雄・中村達男
A5判・288ページ
定価:本体2,500円(税別)

[新版]QC入門講座1
TQMとその進め方
1級
2級
3級
鐵 健司 著
A5判・136ページ
定価:本体1,300円(税別)

[新版]QC入門講座2
管理・改善の進め方
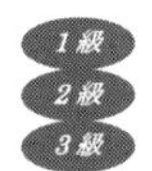

竹内 明 著
A5判・102ページ
定価:本体1,300円(税別)

[新版]QC入門講座3
社内標準化とその進め方
1級
2級
3級
久利孝一・氷鉋興志・田中 宏 共著
A5判・178ページ
定価:本体1,300円(税別)

[新版]QC入門講座4
品質保証活動の進め方
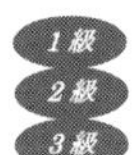

梅田政夫 著
A5判・102ページ
定価:本体1,300円(税別)

[新版]QC入門講座5
データのまとめ方と活用Ⅰ

大滝 厚・千葉力雄・谷津 進 共著
A5判・130ページ
定価:本体1,300円(税別)

[新版]QC入門講座6
データのまとめ方と活用Ⅱ

大滝 厚・千葉力雄・谷津 進 共著
A5判・140ページ
定価:本体1,300円(税別)

[新版]QC入門講座7
管理図の作り方と活用

中村達男 著
A5判・160ページ
定価:本体1,300円(税別)

[新版]QC入門講座8
統計的検定・推定

谷津 進 著
A5判・168ページ
定価:本体1,300円(税別)

[新版]QC入門講座9
サンプリングと抜取検査
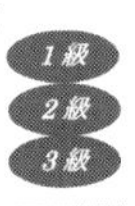

加藤洋一 著
A5判・124ページ
定価:本体1,300円(税別)

日本規格協会 http://www.webstore.jsa.or.jp/